NF文庫
ノンフィクション

海軍と酒

帝国海軍糧食史余話

高森直史

潮書房光人新社

まえがき

ＮＨＫ（大阪放送局制作）の朝の連続テレビ小説（二〇一四年九月～二〇一五年三月）の『マッサン』効果で、ウィスキーを見直した人が増えたようだ。私自身、ウィスキーを、時間をかけてゆっくり味わいながら読書というのが以前よりも愉《たの》しみになった。

ウィスキーでもビールでも日本酒でも、また、ワインでも焼酎でも、今はそれぞれ種類が多すぎて迷ってしまう。酒の場合は、その「迷ってしまう」ところにもうひとつ愉しみがある。

酒税は高いので、高い金を出すことになる。だから沢山は飲めない。これもよくしたもので、安かったらやたらに飲む。酔っ払いが増え、酒の勢いというのもあってなんでもないことでもいさかいになり、喧嘩《けんか》も増え、アルコール中毒患者も増えることになる。

そうかといって酒類はすべて庶民の手には届かないような高価になっては宴会も簡単には出来なくなり、逆に人間関係が悪くなり、ヤケ酒で憂さを晴らすことも出来ず、喧嘩も増える。税金、税率はいい具合に掛けてある。

二〇一五年四月以降、酒類の公正な取引基準を定めるため酒税法の改正案が検討されているが、諸般の事情で滞っているようだ。飲酒は国民の健康、福祉にも影響するところが大きく、アルコール依存症や飲酒運転などによる社会的コストは酒税収入の約三倍かかるともいわれる（厚労省科学研究班）ので取引基準の審議は重大である。

安酒も大切で、学生のころ上級生から「バーへ行く前に一合瓶の甲類焼酎を飲んで百メートル全速で走っておけば早く酔いが回って安上がりになる。肉体労働者はそうやって一日の疲れをほぐしている」と教わった。酒にはいろいろな飲み方や効用がある。

そんなことを考えながらすこし高級なウィスキーをたしなむと気持ちも豊かになる。世の中には酒をたしなめない――まったく下戸の人間や、飲酒は禁止されている国もあるから可哀そうでもある。

アルコールと聞いて日本人なら真っ先に思い浮かぶのが清酒、ビール、ウィスキー……個人の好みや習慣によってその順序は違い、酒の種類というなら焼酎やワインを先に入れる人もあるかもしれない。

ウィスキーといえば、テレビの『マッサン』に直結して考える人がいると思う。

あのマッサンが製造したウィスキーが海軍にも関係し、現在の海上自衛隊とも深い縁がある、と書くと、たぶん「またまた海軍……食べもの、飲みもの、なんでも海軍……こじつけじゃないのか」と思われそうだが、それは本文を読んでもらえばわかる。

かくいう筆者もビール、日本酒、ウィスキー、焼酎……海上自衛隊勤務時代からなんでも飲んできたほうで、昔はそれでよかったが、三年ほど前、昔のフネの乗組員の会合で調子に乗って鯨飲した帰宅途中、しだいに歩行が困難になった。足の運びが緩慢になり、能舞台の橋掛《はしがかり》で佇立したように動けなくなった。ちょうど病院の前だったので入院となり、血液検査してもらったら著しく肝機能が低下していた。γ—GTP（ガンマ・グルタミルトランペプチターゼ＝肝臓・胆嚢機能に関係する酵素の数値）が、標準は10〜40Hのところ487H（Hは単位）に達していた。

酒の話を書こうとしているのに、最初から急性アルコール中毒のようなことを書いていては主題（酒題？）に入りにくいが、二年かけてほぼ回復したのでそれも教訓に、日本海軍の酒とのつきあいを通じて〝海軍文化〟を探ってみることにしたい。肝機能回復のための入院で、かえって人生における酒の意義がわかった。

船乗りはどこの海軍もよく飲んだようだ。明確な記録はなくても船乗りには習慣や注意事項が慣習化されたものが多い。その中には飲酒が元で規則になったものもある。

たとえば〝サイドパイプ〟。今でも司令官や艦長が軍艦（自衛艦でも）に出入りするときは舷門当番が「ホヒ〜ホ〜」と号笛を吹く。もとは帆船時代の艦長が夜帰艦するときは大体ぐでんぐでんに酔っぱらっていて、しかも肥満が多かったので、乗組員が艦長を滑車で引っ張り上げていた。その調子をとるのに当番がパイプを吹いたのが「ホヒ〜ホ〜」の始まりだという。

どこまでホントかわからないが、今でも軍艦の上で口笛を吹くのはどこの海軍でも禁止されているのは、サイドパイプと間違えて、「あの酔っ払い艦長が帰ってきたか」と乗組員が慌てるからだともいう（異説もある）。ホントかウソわからないが、フネの習慣とはそんなものから成り立ったものが多い。それは本文で折りにふれて紹介する。

日本海軍もよく酒を飲んだ。「飲んだ」と断言できるものと、酒には勢いがつきものでかなり尾ひれがついていると思われるものもあるが、それを承知で、ウィスキーだけでなく、世界各国のアルコールをチャンポンにして、さまざまなエピソードを織り込んで書いてみたい。

念のために言うが、筆者は本来、書くときは素面《しらふ》である。酒を飲みながら書いた本では読者に失礼である。とはいいながら今回の本に限っては、書きながらどうしても確かめる必要があって半年間、机の周りは各種のアルコール飲料に囲まれていた。置いたついでに、文章に呻吟《しんぎん》して、ちょっと気分転換にグッとやるとふっと、いい文言を思いつくということはあった。

やっぱり酒は百薬の長である。

松尾芭蕉は、酒はたしなむ程度だったというが、それでも「風吹きぬ秋の日瓶に酒無きを」とか、「月花もなくて酒飲むひとり哉」などの句がある。その一番弟子の宝井其角になると大酒飲みで、「大酒に起きて物憂き袷《あわせ》かな」や「かたつむり酒の肴に這わせけり」など何首かある。

ただし、飲まれてはいけない。「一杯は人　酒を飲む、二杯は酒　酒を飲む、三杯は酒　人を飲む」という（酒は適量に、という戒め）。

今も昔も、酒（アルコール飲料一般のこと）は人間生活の潤い、百薬の長の範囲内で活用するのが大事のようである。

筆　者

海軍と酒——目次

第4章　酒のつまみとして（エピソード集）　135

海軍と酒

帝国海軍糧食史余話

第1章　「とりあえずビール」から

ビールについての雑学

昔の仲間が五、六人集まってのクラス会——料理屋のおねえさんから「お揃いになりましたか？　何にしましょうか？」と聞かれたら、まず、「とりあえずビール」とオーダーするのが普通で、「とりあえず焼酎」とは言わない。

そこで、本書でも書き始めは、とりあえず「ビール」からということにする。

といっても、「海軍と酒」というテーマで、これから話を進め、その中で読者にいささかでも何かのお役に立つようなことも書いてみようと思っているので、とりあえずビールから話を始めて、つぎは何（どの酒に）にしようかな……と、そのときの雰囲気で飲む（書く）ものを考えることにしたい。

海軍と酒（アルコール飲料）の話はたくさんある。東郷平八郎海軍大将も四十代半ばまではよく飲んでいたようで、かなり体をこわしてしまった。鹿児島育ちで、若いときは相当いける口だった。英国留学もしたのだから、芋焼酎に換えてスコッチも飲んだかどうか、そういう話もこれから織り交ぜることにして、まずは「海軍と酒」の前哨戦としたい。

ビールと一口に言うが、毎日のことながら、飲むたびによくぞこんないい飲み物を人類は考え出したものだと思う。酒というほど重く（アルコール度が高い、の意）はないが、水とは違う。名水と呼ばれる天然水が各地にあるが、どんな名水とも比較できない。のどが渇いたとき飲む水よりも格段においしく、言葉では表現できない差がある。水とビールの違いを一口にいうと、ビールは一時的ではあるが、幸せを感じるところにある。

ドイツビールの本場ミュンヘンのオクトバーフェストで昔からみんながビールを飲んで歌う乾杯の歌がある。

「Ein Prosit Ein Prosit der Gemütlichkeit ……」

賑やかに歌って、そのあとは「eins, zwei, drei」の音頭で「g'suffa」（ガブ飲み？のバイエルン方言だという）をするらしい。大きなジョッキを使っての一気飲みもドイツが元祖のようだが、この一気飲みの風習がのちに日本陸軍に移入されることはのちにふれる。

ミュンヘンで買った蓋付きの陶製ジョッキ。らくに750ml入る

二十数年前、ミュンヘンへ行ったのは真冬だったからその雰囲気は味わえなかったものの、バイエルン州はJ・S・バッハの出身地だから、あの大バッハもけっこうビールが好きだったと想像で

きる。もっともオクトバーフェストが始まったのは一八一〇年のようだからバッハの生前には間に合わなかった。

しかし、ドイツビールは歴史が浅く、ラガービールといって十五世紀に醸造法が考案されたものが今日の世界的な主流（生産量が多い――つまり飲まれる量が多い）になっている。ときおりピルスナータイプという言葉を聞くが、これが、ドイツビールをもとにしてチェコのピルゼンで開発された琥珀色の一般的なラガービールである。

雑学的に、紀元前の古典的な自然発酵ビール（エール）のことにもふれながら、すこしビールの起源などを探ってみたい。ビールの歴史を知っていると、いっそう「ビールってほんとにうまいものだなァ」と感じるし、品質が向上した近年の発泡酒や「第三のビール」のビール本来の味の追究もすばらしいと感じる。アルコール度数を選択できる利点もある。「日本では……」と断ったほうがいいのかもしれないが、ビールは冷やして飲むのが普通である。しかし、冷やさないと飲めないものなのだろうか。

もともとビール発祥の地とされるのはメソポタミア。世界地図で確かめるまでもなく、イラク東南部を占める広い地域とそれにつづく小国クエートの一帯で、紀元前数千年前にアッシリア、バビロンの文明で栄えた地域であると中学生のとき社会科で教わった。

ようするに、チグリス川、ユーフラテス川流域は文明発祥の地とされている。文明は大河のあるところから発展したというのが世界の歴史で、ビールも古代オリエントの産物のようである。

ビールは紀元前の遥か昔＝はっきりしないところがもともと泡のようなもので、紀元前三千年とも四千年ともいわれるが、メソポタミア文明の中でシュメール人が発明したのだといわれる。

シュメール人といっても日本人にはなじみが薄いが、中東の歴史では主要な民族で、古代メソポタミアの南部地方に住んでいた。旧約聖書の舞台になっている地域の一部で、文字、建築、都市計画、芸術等に文明の足掛かりを遺《のこ》している。旧約聖書に登場するのはシュメール人、エジプト人、カナン人、ペリシテ人、アッシリア人、バビロニア人、ペルシア人、ギリシャ人、そしてローマ人で、民族的に複雑な関係があるから今もゴタゴタがつづいている。しかし、ビールの製造はゴタゴタとは別ですばらしい文明である。

その中のシュメール人が、パンの原料の小麦の代わりに、製粉しにくい大麦を水に漬けておいたら麦芽が発酵してブクブク泡が出てきた——恐る恐る飲んでみたらけっこうイケることがわかった——発明ではなく発見だったと思う。ビールは液体のパンといわれる所以《ゆえん》もここにある。

イスラエルで発見された紀元前15世紀のシュメール文字

シュメール人が残した文字（楔形文字）の紀元前四世紀の粘土板に、「たしかにビールを受け取った」という証文か礼状のようなことが書いてあるらしく、紀元前二〇五〇年のことのようだ。そのころからビールを贈答品にする風習があったのかもしれない。暑いところだから暑中見舞か残暑見舞だったのかもしれない。お中元とは書いてないが、この粘土板文字が、ビールの最古の証明とされている。

ひとくちに二〇五〇年前というが、まだ今年は西暦二〇一六年。ビールの発祥から西暦は半分も経っていないということで、人類のビールとのつきあいの長さがわかる。聖書には、ブドウ酒はさかんに出てくるが、ビールについてははっきりと書かれていない。しかし、古代ユダヤ人は「シカル」というビールに相当する飲み物を作っていたようだ。シカルとはヘブライ語で「酔う」という意味らしい。ユダヤ人がバビロン虜囚時代に「シセラ」という薬用酒を作ったとか、旧約聖書の「マナ」（マンナとも）こそビールのことだとの学説もある。高校時代、このマナについて何人かの宣教師や牧師さんに聞いたが、「聖書にあるとおりです」というだけでわからずじまいになった。天から降ってきて民衆の空腹を満たしたというのだからやっぱりビールとは違うようだ。

旧約聖書の終わりの方のイザヤ書は長々と書かれた預言書で少々聖書を読んだくらいではわからない（少々どころか、相当読んでもわからないだろう）。日本聖書協会一九五五年発行の聖書のイザヤ書を久々に読んでみたが、字数にして約十一万五千字の中から「シカル」、あるいはビールに相当すると思われる単語を見つけるのは容易でない。しかるに、全六十六章の中には小麦、パン、ブドウ酒、その他の飲食物の名前が頻繁に出てくるので生活習慣が想像できて意外な面白さを発見した。これまで気付かなかったが、旧約聖書にチタニュウム

葬礼模様を描いたエジプト壁画から

合金についての記述（イザヤ書五十四章十二節）があるのを見つけた。

ユダヤ教やキリスト教にはヘンなことにこだわるところがあって、じゃがいもは旧約聖書に書かれていないという理由で、西洋では栽培されるのが遅れた。ウロコのない魚は食べてはいけないとあるので、イエス・キリストも弟子たちもウナギの蒲焼は食べたことがなかった。漁師のペテロたちがガリラヤ湖で獲っていたのはホワイト・ブリームというウロコのあるコイ科の淡水魚が目当てだった。

ビールはどうだったのか、よくわからないが、十五、六世紀のヨーロッパの僧院では盛んにビールを醸造しているから戒律に抵触する飲みものではなかったようだ。

メソポタミアよりも少し遅れて史料が発見されたのがエジプトビール。スエズ運河ができるまでは陸続きだったからビールの作り方も伝わりやすかっただろうし、「エジプトビール」と「メソポタミアビール」がどう違うか銘柄的な違いはわからないが、土地柄から大体同じ作り方だったことは間違いない。

これが「上面発酵ビール」で、常温で発酵させると仕込んだ麦汁の表面に酵母が浮いてくる古典的ビール

イギリスのエールとビアの例（大型酒販店でも買える輸入品。１本400円程度）

である。この製造法がのちにイギリスに渡って「エール」や「スタウト」の基本になったという。イギリスだけでなくベルギーやドイツの一部にも同じ製法が伝わった。

つまり、常温発酵だから二十日間くらいで製造できるのだそうだ。エジプト付近の常温というのはよくわからないが、オペラの『アイーダ』で見るようないつも裸に腰巻ではなく、けっこう寒い日もあるのだろうが、エジプトの壁画にどてら姿や股引を履《は》いた人物像はないから薄着でもいいのだろう。今までそんなことを考えてビールを飲んだことがなかったので、にわか勉強であるが、この場合のビール発酵の常温とは二十℃から二十五℃らしいから、エジプトはパン種やビール酵母も活動しやすいことがわかる。

ビールは紀元前のエジプト時代からあったとは聞いていたが、冷やして飲むのが常識だと思っていたので、冷蔵設備がないのにシュメール人やエジプト人がなぜ「ビールって旨いなあ……」と感じたのだろうかという疑問を持っていた。「うまい！」っていうよりも、アルコールのせいで、「なんだか頭がフラフラしてきて気持ちがいいなあ」が段々と病みつきになり、コクもあって旨いパン種ジュースという感覚だったのかもしれない。

そういうことを考えればビールは常温で飲むのもいいかもしれない。二十年前バリ島で、うちの娘の結婚式で出てきたビールは常温のままだった。冷蔵庫が間に合わないのかと思ったが、そうではなくそれが普通の飲み方らしい。

小泉武夫氏の『不味い！』（新潮文庫）によると、ヤンゴン市（ミャンマー）にはビールの量り売りがあるという。泡は計算に入れないで、賞味一リットルを紐のついたビニール袋に入れての持ち帰りで、ストローもくれるらしいが、生ぬるく、色や泡からどうみても小便をぶら下げて歩いている恰好に見えるという。小泉教授、それでも買って飲んでみたという。やっぱり不味《まず》かったそうで、日本のビールがいちばんうまいと書いている。

ビールは冷やして飲むのが常識というのもホントは常識ではなく、ドイツやベルギーにはグリュークリークという燗付けして飲むタイプがあり、日本でも通販でリーフマン醸造所製を買うことができるようである。しかし、ビールといえば、やっぱり断然冷えたのがいいというのが日本人の感覚ではないだろうか。家庭冷蔵庫の普及の歴史も重なる。

ドイツのビールジョッキのことは日本陸軍との関係で後述するが、ビールの味は容器も影響する。味というより雰囲気と言ったほうが適切で、真夏に大きなジョッキで飲むビール、冬、ストーブのそばで小さめのグラスに注いで飲むビール……それぞれの良さがある。

四十年くらい前、何かで読んだ記憶であるが、吉行淳之介が文士仲間を誘ってビールを尿瓶で飲んでみようということになったらしい。シビンといっても、そこは新品を使っての試飲だから中身には変わりがない。痛快な作家吉行淳之介らしい発想ではある。しかし、泡や色がどうみてもほかのものに見えて、やっぱり「なんとなくうまくなかった」と書いてあったように覚えている。「先入観を持ってはいけない」などと言うが、世の中には簡単に排除できない先入観もある。

ビール発祥の地・中東に話を戻す。

偉大な文明発祥地なのだからビールを飲んで愉しくやっていればいいのに、どうもあの地域は永遠に政情不安で、民族間の争いが絶えず、近年ますます国際紛争が過激になった。シリヤ、レバノン、イラク、ヨルダン、クエート、サウジアラビア、エジプト……なにがなんだかわからないのが中東である。考えるに、この広い地域の中には、国や宗教によって厳しい戒律を守らねばならない民族もあり、酒でも飲めば解決できるような問題でも素面《しらふ》では知恵が浮かばないのかもしれない。

そんなことを考えれば、ビールの発祥から時代が下るユダヤ教やキリスト教、同じルーツのイスラム教の誕生がビールの功徳を阻害してしまったと考えることもできる。

イスラム教（回教）は世界の宗教圏の四分の一以上を占める宗教（宗派も複雑だが）であるが、宗祖マホメットが開宗したのは西暦六一〇年のことであり、アルコールの歴史から見ればつい最近のことである。自分が酒で失敗したのかもしれないが、戒律を守らねばならないイスラム教徒に同情したくなる。「酒でも飲んでいれば少しはゴタゴタが収まるのに」と前記したのも不真面目な話ではない。

宗教との関係から考えるとビールだけではない。日本には、のちに清酒に発展するドブロクが古代からあったようで、それが時代を経て日本酒の主流となった。こちらも仏教との関係で「不許葷酒入山門」（匂いの強い野菜とアルコールは修行の妨げになるので立入禁止の意味）のような戒律はあっても、中東のような厳しい戒律ではなかったから民衆の間で独特の酒文化が発達した。日本に伝わった宗教が仏教だったことはいろいろの意味でよかったが、とくにアルコールとの関係からも「仏教伝来」に日本人はもっと感謝しなければならない。

日本酒は明治以来……というよりも日本海軍の前身ともいえる幕府海軍時代から当然のことながら深い縁があるので別途詳述することとしたい。

日本はラガー系

陸軍も海軍も明治時代からビールも飲んでいたので、もう少しビールのことを書いておきたい。海軍とウィスキーの話はこのあとのことになるが、ウィスキーは海軍にとっては単なる嗜《し》好《こう》品ではなく、部隊運営上の貴重な〝戦略物資〟であり、旧海軍、海上自衛隊ともあの「マッサン」（ニッカウヰスキー蒸留所）にも余市という土地柄から関係するので別途ページを割くことにする。

エールとラガーがあって、現在日本で飲まれているのはほとんどラガー系だと書いた。また、日本人は宴会などではあまり銘柄にはこだわらないようで、特約店でなければお客はなんでもいい。飲んでいるうちにさらになんでもよくなる。昔は同じ値段ならキリンにこだわる男性客が多かったが、いまはどのビールもうまい。個人で飲むには現代は税率の低い発泡酒や「第三のビール」にもいいものがある。古代メソポタミア人が知ったらびっくりしそうである。

ビールを飲むとき、上面発酵か下面発酵か、など考えたことはなかったが、この際だと思っていろいろな種類を飲んだりして〝勉強〟してみた。

上面発酵ビールはよほど探さないと出会えないが、イギリス系のエールがメソポタミアにルーツがある古典的ビールということになる。昔、栄養学校の食品学で覚えたビール酵母の学名サッカロミセス・セリヴィシエ（*Saccharomyces cerevisiae*）がなつかしく思い出された。デパートや大型酒販売店には目移りするくらいのアルコール飲料が置いてあるので、上面発酵のエール系ビールを探してみる気になった。日本ではほとんどドイツ系ビールで、地場産ビールに「エール」と明記したものもあるが、ホンモノかどうかはわからない。外国産を、特約して日本国内で製造しているものや日本の地ビールにこの手のものがあることがわかった。

酒販売店の販売担当者に上面発酵か下面発酵か聞いても、そんな質問をされるのは迷惑なだけなので、自分でラベルや説明書きを見たうえで買ってきて数本飲んでみた。エール系ビールはスタウトをふくめ、最初の泡立ちが細やかな感じがするが、気のせいかもしれない。四、五本飲んだくらいでは利き酒できるようにはなれない。

さらに確かめたくなって、別の酒販店へ行ってイギリス産のエールとビールを探してみた。今度はすぐに見つかった。輸入ビールコーナーに瓶入り（七百二十ミリリットル）のエールも〝ビア〟もあった。わざわざ日本まで運んだものが二本で八百円はそう高くはない。IMPERIAL RED Deep Ruby Ale というのと HOBGOBLIN Legendary Ruby Beer でいかにもイギリス産らしい愉快な絵柄のラベルである。

超低アルコール（0.7％）の炭酸飲料・アメリカ産「ワイルド・ウェスト」。駅馬車のデザインがたのしい

飲んだ印象は、エールもビアも「なるほど、これが英国の上面発酵ビールか」という感慨はあるが、「どこがなるほどなのか？」と問われると曰《いわ》く言い難しで自信がない。

エールはカラメルの色がついてちょっとスタウトタイプで、やはりビールほどの重さがない。エールはそういうものなのだろう。ビア（ビール）もなんとなくラガーとは違うが、泡も苦みも似ていて明確な区別はできない。しかし、こういうものをイギリス海軍も飲んでいたと想像するのは愉しい。イギリスの酒と言えばスコッチしか思い浮かばなかったが、上面発酵開発の元祖国であり、日英同盟継続中は案外、日本海軍も飲んでいたのかもしれない。

下面発酵とはよく知られる「ラガービール」のことで、気温の低い地域で、しかも冬季に、発酵温度を八℃から十℃で三ヵ月くらい期間をかけて（今は一ヵ月前後）仕込むところが違う。酵母も少し違う。デンマークの研究所名に由来するサッカロミセス・カールスベルゲンシス（*Saccharomyces carlsbergensis*）という学名で、その後開発されたサッカロミセス・ウーバルム（*Saccharomyces uvarum*）という酵母が主流というが、ビールを飲むときはそこまで考える必要はない。

苦みを呈するホップという植物の花（毬状の花）を本格的に使うようになったのも十三世紀以降のことらしいが、まさにホップ・ステップ・ジャンプ（？）で、ほかには何の用途もない野草を風味付けに使うとは、すばらしい思いつきである。

エチルアルコールをふくむ飲みものをアルコール飲料というが、ビールはほかの一般的アルコール飲料に比べてアルコール含量（度数）は少ない。四〜五パーセント前後というのが発泡酒や第三のビールをふくめてのアルコール度数で、むしろ水に近い不思議なアルコール飲料である。水に近いのなら水を飲めばいいようなものだが、水とビールは飲み口に雲泥の差がある。ふくまれる炭酸の効果もビールは単なる炭酸ガスではない。のどが渇いたとき、水ならコップ一杯でひとまず落ち着くが、ビールはグラス一杯ではおさまらない。ふくまれている炭酸の特性でもある。

以前、真夏のアメリカ砂漠を三時間ほど歩き回ったことがある。水の携行を忘れないようにとガイドブックに書いてあったが、映画『アラビアのロレンス』のようなサハラ砂漠ではなく、カリフォルニア東部のモハベ砂漠の一部だからと高をくくったのがいけなかった。やはり日陰のない炎天下はこたえた。夕日が当たる真っ赤な岩山の感動もそこそこに近くのトウェンティナインパームスの町に駆け戻り、スーパーで冷えたバドワイザーを数缶買って宿で立て続けに飲んだときの快感はまさにオアシスだった。水ではのどの渇きはおさまっても、とても幸せまで感じることはできない。水とビールの違いはやっぱり、飲んだときに「幸せを感じるかどうか」にあるようだ。

ビールの起源から長々と書いたが、ビールがアルコール飲料として特別な位置にあること、日本ではドイツビールが主流となる背景などを記した。

一番大きな背景には明治二十年前後の政府高官、学者、留学生や陸軍軍部の「これからはなんでもドイツ」という風潮にビールまでが乗っかったというのが最大の原因のようで、それには追ってもう少しふれることにする。今ではエールとラガーを飲み比べる機会があまりないため、消費者にとっていちばん大事な味の比較ができないが、日本でのビールの方向が決まる背景には日本陸軍もからんだ歴史的運命があった。

ビールは日本ではいつから

あまり古い話からするとカクテルみたいになってしまってまとまらないが、新しいもの好きの信長もワインは飲んでもビールを飲んだ記録はないようである。徳川時代になってオランダ人が八代将軍吉宗にビールを献上したという話はあるが、詳しいことはわからない。よくわからないことは省略しよう。

嘉永六年（一八五三年）六月の、アメリカ東インド艦隊司令長官マシュー・C・ペリーの率いる黒船来航は飲食物の外交の始まりでもあった。日本のサムライたちの一部ではあるが、揃ってビールを賞味したのはペリー艦隊の二度目の来航（嘉永七年・一八五四年）のとき接待を受けた七十余名だった。旗艦ポーハタン号での外交の模様はペリーがのちに遺した『遠征記』に記されていて、招待された日本人は饗応されるアルコール類の数々をよく飲んだらしい。「ハヤシ（幕府正使・林大学守）以下七十名は、みな痛飲・大食し、酔いつぶれ、提督の肩章を押し潰して抱きつき、陽気にはしゃいだ」と『遠征記』にあるとおりだったようだ。

ペリーは日本について相当事前勉強をしたようで、外国情報の希薄な時代にニューヨークやロンドンで四十冊以上にのぼる日本関係の書物を買い漁《あさ》って予備知識を得ていたという話もある。酒を飲ませて懐柔するのが目的で、後述する「酒と戦術」でもあった。

幕末には長崎・出島のオランダ商館で醸造されたビールを真似て川本幸民という蘭学者が江戸で醸造試験をしたという記録がある。安政七年（万延元年）一月の咸臨丸の渡米では乗組員用のほか、土産品や接待用としてのアルコール飲料もあったはずだが、酒類の搭載についてははっきりしない。食料品、日用品等については勝海舟編纂『海軍歴史』にある搭載物品一覧でかなり詳細を知ることができる。

幕末から明治初期にかけて日本でのビール普及はかなり広まった。このころのビールはイギリス産のエールだった。のちに海軍軍人となる薩摩人はこのとき多数イギリスに留学するので当然イギリス式のビール、つまりエールを飲んだことは間違いない。しかし、国産ビールは日本で醸造しやすい条件の下面発酵ビール＝ラガーだったというのが、その後の進路決定につながったようだ。

海軍ができると遠洋航海も始まった。

明治二十年半ばの資料と思われるが、当時の遠洋航海で搭載する標準的食料や飲食物の中に「酒類」がある。咸臨丸の軍艦奉行だった木村摂津守の息子・木村浩吉海軍大尉（兵学校九期。のち少将）が明治二十八年に著した『海軍図説』によると、ブドウ酒、シャンパン、ブランデー、ジン、ラム、泡盛、味醂《みりん》に混じって「麦酒」も搭載品目の中に入っている。明治海軍がどんな酒を飲んでいたか、この遠洋航海搭載記録を見れば大体わかる。遠洋航海だから普段飲まないものも外交用として積んでいたかもしれない。

麦酒（ビール）は明治維新とともに横浜、東京、大阪、甲府などで外国人による醸造が始まる。その中で本格的な国産ビールの先駆けとなったのは北海道開拓使の管理下で明治九年に建設された官営札幌麦酒醸造所のビール製造事業である。明治初期にドイツ代理公使（のち大使）を務めた青木周蔵が大久保利通、伊藤博文、黒田清隆等、ときの政府要人を動かした事業で、もちろんドイツかぶれの青木の推奨は下面発酵のドイツ系ラガービール。早くも翌年（十年）夏には国産ビールの販売が始まった。西南戦争後半にかかった時期である。五年後に北海道開拓使事業は民営化となり、その後「札幌麦酒醸造所」を経て後年「サッポロビール」となる。現在の国産ビールの大手企業（麒麟、恵比寿、朝日など）のビールはほとんど明治時代に誕生しており、合併や独立を経て現在の国産ビールに至っている。何気なく飲むビールにも深い歴史がある。

ビール、ビールと書いてきたが、近年は発泡酒や第三のビール、低アルコールビール、ノンアルコールビールなど、どこまでがビールで、どこから清涼飲料というのか区別がつきにくい。それだけ本来のビールの味への追究が進んだということで、ますます楽しみが増えた。ビールは人類数千年の歴史とともにある飲みものである。日本でのビールの歴史を探るだけでも国際交流や国民生活の流れがわかり、何気なく飲んでいる飲み物に意外な発見がある。少なくとも、「ビールかけ」のような本来の目的にない勿体《もったい》ない使われ方をする飲み物ではないようだ。私はアレをみると「気持ちはわかるが、ほかの発散の仕方もあろうに」と、あまり面白くない。コメディのパイ投げに至ってはさらにバカバカしい。結果がわかっているあの遊びのどこが面白いのか、逆に腹が立ってくる。

日本陸軍とドイツビール——大酒飲みだった乃木将軍

明治時代の陸軍はビールをよく飲んだ。陸軍ではビールといえばドイツ系ビール。上面発酵とか下面発酵の分類上の好みというのでなく、ビールといえばドイツビールだった。海軍は、ビールの種別に好みはないが、イギリス系のエールを飲み慣れた者はいても、ようするにビールなら何でもよかった（のちにキリンに傾倒するが）。エールはもともと日本には少なかった。

日本陸軍のドイツ寄りはビールにも表れた。ある意味では、明治陸軍がドイツ系の下面発酵ビールを日本に定着させたという見方もできる。ビール会社ではどのような製造歴や由来があるのか知らないが、食文化史は意外なところにある。

陸軍を代表して乃木希典とドイツビールの話をしておきたい。

乃木将軍といえば武士道の手本、謹厳実直な私生活もよく知られ、日清・日露戦争を通じて陸軍の神様扱い（実際に神様として祀られている）にされているが、少将当時まではずいぶん羽目を外した生活をしていた。陸軍参謀長山縣有朋の副官になった慶應四年ころも独身の身とはいえ、毎晩まっすぐ帰宅することはなく花柳界での遊興に浸り、山縣から注意を受けることもあった。明治十一年十月の結婚式の日も置屋に上がっていて祝言に遅れたくらいの無軌道ぶりだったというから、「乃木さん」には逆に人間的な魅力を感じる。その後、小倉連隊長のとき、西南戦争で連隊旗を奪われたことも重なって日々の生活は乱れ、「乃木の豪遊」という異名をとるほどだった。

それでも家柄はよく、有力者の後押しもあって、明治二十年一月から一年半、ドイツ留学をする。ドイツで乃木を待っていたのがドイツのラガービールだった。ずいぶん飲んでいたらしい。宰相ビスマルク、参謀長モルトケで知られるように、プロシアから台頭した新生ドイツ陸軍はすべてが明治陸軍の手本だった。陸軍はドイツかぶれもいいところ、酒の飲み方までそっくり採り入れた。ビールの一気飲みの儀式もそっくり真似た。

以前、ミュンヘンへ行ったとき何気なく買ってきた蓋付きの陶製ジョッキ（前出写真）にビール瓶から注いでみたら、ちょうど一本分（七百二十cc）が収まった。そういえばドイツのオクトバーフェストで皆が手にしているのもこのサイズのジョッキのようだ。

乃木少将も盛んにビールの一気飲みをした。このプロシア・ドイツの乱暴な一気飲み風習は帰国してからそっくり再現したようで、師団長時代も部下を集めてはドイツの伝統的儀式をやったという。帰国後は生活スタイルもドイツ陸軍将校に倣《なら》って寝るときも軍装のままだった。

乃木が森鷗外と出会うのもベルリンだった。鷗外のドイツ留学の逸話はよく知られるとおりであるが、鷗外もよくビールを飲んだようだ。鷗外の短編『うたかたの記』には、学校の向かい側にある「カッフェエ・ミネルワ」という居酒屋のような雑駁な店の様子や、給仕の女の子が泡の立った〝ビイル〟の入った大きなジョッキを四つ五つ運ぶさまが描かれている。鷗外が『うたかたの記』を書いたのは明治二十三年八月（「柵草子」第十一号）で、当時のドイツ人の飲みっぷりまで想像できる。ビール好きの鷗外でも大ジョッキ三杯（約一・五リットル）くらいだったが、一度に二十五杯（十二・五リットル）以上飲むドイツの医学生に驚いたようである（『独逸日記』）。

乃木のドイツ留学のときは陸軍少将だからやたらな行動は慎んだとは考えられるが、なにぶんドイツ帝国かぶれ。ドイツ将校たちと気ままに騒いだり、鷗外とも気が合って羽を伸ばした。日本陸軍の「なんでもドイツ」は昭和の大戦にまでつながるが、ドイツビールもその一翼を担った責任があるのかもしれない。

乃木希典が日常行動を慎むようになるのは帰国してからのことである。もともと保守的な武家の育ちであり、その精神と生涯を辿るまでもなく毅然としたものがあったのだろう。

学習院長になってからの乃木希典といえば、裕仁親王（昭和天皇）に徹底的な帝王教育を仕込んだことでも有名である。華族の子弟に対する教育にも厳正で、学習院輔仁会編集による「乃木院長記念録」に、一、口を結べ。口を開いて居るやうな人間は心にも締まりがない。一、学問の出来るとできないとは生来もあることで仕方がないが、躾け方の良いと悪いとは家庭の責任。一、近ごろの子供は飯の食ひ様も知らぬ程で苦々しく思ふ。家庭の注意を要する――などなど、昔はビールの一気飲み、ジョッキの空け比べを競った人とは想像できない。

深酒が毎日の時期があったとは想像できない軍神乃木将軍

乃木希典には毀誉《きよ》褒貶《ほうへん》もあるが、若いときのいかにも人間的な行動（乱行もふくめて）や日露戦争での指揮官としての評価、戦勝後の敵将たちに対する武士道的対応……そして、なんといっても立派だと思うのは、大正元年九月十三日の大喪儀（御大葬）の夜、明治天皇の霊輴《れいじ》（霊柩車）出立の号砲に静子夫人とともに自刃して果てたことである。

「警視庁の死体検案始末書によれば、軍服の乃木はシャツのボタンを外し、軍刀で腹を十字に切り、再びボタンをとめてから、喉を深くついて絶命した。作法に沿った切腹だったという」（産経新聞、平成二十七年七月八日、連載小説「ふりさけみれば」から）。介錯なしの自決は本稿の後のほうでふれる「水盃」にも通じる。

同じ陸軍大将でも東条英機のGHQの呼び出しのとき拳銃自殺に失敗し、無様な姿でMPに運ばれる写真も知っているので、比較のしようもないが、「乃木さんは偉い」と、ビールの一気飲みも帳消ししていいと思ったりする。旅順攻撃の作戦はさておき、むしろ、乃木将軍の人間的魅力になる。

日本の陸軍と海軍の体質の違いは明治の建軍当時から分かれていた。酒の飲み方まで違うとまでは言えないかもしれないが、ドイツ陸軍式の日本陸軍と、イギリス海軍式の日本海軍は宴会の仕方まで違うところがある。

酒はとかく人の本性や性向にまで影響する。同じような人間が集まれば集団の体質・形態になる。そういう体質が昭和の大戦に直面し、陸軍と海軍の違いが大きく表れたとも言えそうである。

日本海軍の指定銘柄は麒麟麦酒

海軍で〝ビール〟といえば、銘柄を指定するまでもなく麒麟（キリンビール）だった。指定銘柄という言い方は適切ではないが、それほど馴染んでいたという意味である。

海軍とビールのことを殊更大げさに書くつもりはないが、今ではあまり知られない話の中に海軍東海鎮守府があったころの横浜との深い関係を海軍史として付記しておきたい。

歴史では、明治二年（一八六九年）にローゼンフェルト（ドイツ系ユダヤ人？）とウィーガント（ドイツ系アメリカ人）が横浜・山手で醸造所を創設した記録もあるようだが、これはまだ居留地の外国人向けビールでまだ日本製ビールの発祥とは言えない。

横浜山手の麒麟麦酒発祥の碑

明治五年（一八七〇年）にノルウェー系アメリカ人ウィリアム・コープランドが横浜・山手の天沼で日本の大衆向けビールを醸造、これを販売（通称コープランド・ビール）したのが麒麟ビール（明治四十年命名）のルーツのようである。

現在、横浜・山手通り（中区千代崎町）中腹付近に麒麟園公園があり、その一角に大きな石碑が建っている。近くに北方小学校というのがある。案内してもらった横浜の友人橋田篤廣氏から、同氏夫人もハマっ子で、このあたりが子ども時代の遊び場だったと聞いた。

碑の上部に縦書き文字で二文字ずつ「麒麟 麦酒 開源 記念」と左へ書いてあり、下面に詳しい説明がある。巨大な碑であるが、全面にびっしりと小さな文字で説明文が刻字されていて、多分これを立ち読みする者はいないだろうなァというくらい詳しく書いてある。どこかに海軍との関係にふれてあると嬉しいがと思いながら途中まで読んで諦めたが、海軍との歴史から想像で関係を膨らませることができた。

前記のコープランドが造った醸造所は「スプリング・ヴァレー・ブルワリー」というビール会社だった。明治五年の創業とはいえ、冷蔵設備開発以前であり、日本人にはなじみの少ない飲物販売の経営はかならずしも順調ではなかったようだ。コープランドは自宅を改造してビアガーデンを併設したり商事組合を結成したりして販路拡大に努めた。

一方、明治維新後、兵部省海陸軍部から発展して日本海軍（海軍省）が創設されたのが同じ明治五年で、日本海軍はイギリス式海軍に倣うとしてイギリス海軍との交流を深めていく。

その経緯の中で、明治九年（一八七六年）に海軍省が艦艇基地の設置とともに士官、下士官・兵の勤務の根拠地として最初に設置した鎮守府が横浜だった。これが東海鎮守府であるが、海軍では常備艦隊を創設する必要から、八年後（明治十七年）にさらに鎮守府の規模を拡大して横須賀に移った。それが横須賀鎮守府である。

横浜時代にイギリス海軍士官に地元のビール（ラガー系）を飲ませたら、普段はエール系ビールしか飲まないイギリス人がラガービールを「グッド！」と評価したという。

鎮守府が横須賀へ移る直前に、コープランドのビールを後押ししていた明治屋が東海鎮守府に薦めたのは当然このビールで、つまり、海軍はコープランド・ビールと横浜時代から馴染みだったということになる。

明治十七年十二月に横須賀に移って新たに発足した横須賀鎮守府のあと、逐次呉、佐世保、舞鶴に鎮守府が設置されていく過程で東海鎮守府時代の伝統や風習はそのまま各鎮守府に伝搬されて行ったらしい。ビールの〝銘柄指定〟もその中にあったものと想像できる。

ことわっておかないといけないが、このころは「麒麟ビール」というブランド名はまだなかったようで、命名は明治四十年ごろのことらしい。三菱財閥傘下となったときに荘田某という三菱系列の教育者のネーミングという説があるが、海軍とはあまり関係のないことなので割愛する。日本では、古代から中国を経て青龍・白虎・朱雀・玄武という方角の卦を担ぐ風習（?）があり、それに類する架空の動物の麒麟（キリン）を採用したものらしい。

それはさておき、イギリス士官が麒麟ビールの前身のコープランド・ビールが好きだというので日清・日露戦争でのイギリス海軍の観戦武官たちには間違いないように麒麟ビールでもてなした。まだ冷蔵庫は発達しておらず、信濃から雪を取り寄せたり、冬の時期からストックしている貴重な氷室の氷でビールを冷やして接遇したという。

このような麒麟との深い縁は昭和期になってもつづく。

広島は陸軍の大部隊（第五師団・歩兵第九連隊）もあり、呉は鎮守府として大きな要港や工廠を保有する軍都なのでビールの需要も大きい。険しくなった国際政情から、昭和十年に麒麟ビール広島工場が進出した。工場は広島中心地の東方、広島県安芸郡府中村で、現在の地図でいえば、マツダ本社とマツダスタジアムのちょうど中間に位置する府中町にあった。北側の水分山系から出る良質な水源に恵まれ、製品の麒麟ビールは省線呉線で呉港へ搬送していた。陸軍への輸送にも便があり、兵員輸送の宇品港は物資積出港でもあった。

麒麟ビール広島工場は平成十二年に閉鎖、現在は㈱イオンモール広島府中店の広大な敷地一帯がその名残で、店内一階中央部の案内所に麒麟時代のビール醸造罐が展示してあるだけである。

「缶ビール」がビールを変えた

現代のビールを語るには、発泡酒や第三のビール、ノンアルコールビールの品質改良もめざましいので、これらもふくめないといけないと前記したが、もう一つは今では〝当たり前〟になった缶ビール……発売当時は「缶入りビール」と呼んでビール愛飲家からはさげすまれた時期があった。

缶ビールが発売されたのは昭和四十六年だから樽や瓶の歴史に比べると来歴は浅い。今ではすっかり定着し、むしろビールの種類がにぎやかになり、手軽に飲める効能につながった。栓抜きも要らない、少し（標準三百五十ミリリットルでも、三百三十、三百五十五などメーカーで内容量が違う）でも飲める――大きな進歩である。量が、その上（五百ミリリットル）も下（百二十ミリリットル）もあるのがさらにいい。

それまでは、ビールといえば瓶ビールで、一本の容量も六百三十三ミリリットル。栓抜きがないと開けられないし、いったん開けたら全部飲み切らないと無駄になる高級飲料だった。旧海軍のガンルーム（若手士官の公室）で夕食後、一人が「ビール！」と従兵に注文すると、「オレも」、「オレも」と注文し、「ガンルームとかけて オレもオレもという所」と戯《ざ》れ句がある。昔、従兵を務めた人が、「一人一人が瓶一本単位でつぎつぎに注文するからついつい量も多くなり、カンバンですとも言えず、夜中までつきあわされ、後片付けもたいへんだった。あのとき缶ビールがあったら楽だったと思う。あれだけ缶詰食品開発に熱を入れていた海軍でもビールの缶詰を考えなかったのかなあ」と、缶ビールが出たとき言っていた。

缶詰ビールは昭和三十三年ごろに初登場したが、当時はスチール缶で、風味が損なわれるという欠点があったらしい。私は栄養学校の学生時期で、早稲田大学の食品学講師の田上信助教授の授業で知った。「ビールの缶詰」は新鮮な驚きだった。

その缶臭さ（？）を解決したのがアルミ缶の利用で、かなり遅れて昭和四十六年にオールアルミ缶使用でメーカー数社が同時に発表した。

しかし、アルミ缶ビールの普及もしばらく進まなかった。昭和四十八年春に、私は海上自衛隊横須賀補給所という昔の軍需部に相当する部隊で糧食の調達・配分などの係長をやっていて、あるとき艦艇の調理員長（調理責任者）の集合教育を計画し、バスで焼津の缶詰製造会社に引率したことがあった。旧海軍時代から糧食を納入している海軍御用達の地元業者に研修の仲介を頼んだのだったが、帰りの車中で、その業者の堀口商店社長が、「帰り道なので飲み物を用意してあります。缶ビールを試飲してみてください」と言って、つまみとともに冷えた缶ビールが提供された。銀色の外観からアサヒビールだったのではないかと想像する。

私も缶ビールを飲むのはこのときが初めてで、研修員もほとんど同じだったようだ。なかには、知ったかぶりで「ちょっと缶臭いナ」とか言うのもいた。発売から二年たった昭和四十八年でも缶ビールの普及はそんなものだったようである。念のため、私の海上自衛隊での勤務記録簿と照合しての確認なので間違いない。

「とりあえずビール」から「やっぱりビール」

森鷗外とビールのことを前に書いたので、対比の意味で夏目漱石とビールに触れて、ひとまず「とりあえずビール」の項を終えたい。

時期も留学期間も鷗外とは違うが、漱石はイギリス留学をしているので少しくらいエールやスコッチウィスキーを飲んだかもしれないが、もともと酒は好きでなかったらしい。『吾輩は猫である』の猫が人間の飲み残しのビールを飲んで酔っ払って水がめに落ちて死ぬという結末からも、漱石はアルコールを敬遠気味だったのではないかと言われる。

以前、別の目的で『吾輩は猫である』に登場する食べ物、飲み物を詳細に抜き出してみたことがある。

食べもの（食材、料理）は六十六種、とくに牛肉は十回以上、かつお節は六回、福神漬は時代を反映してその後の著作『三四郎』にもたびたび登場するが、やはり飲み物は「ビイル」程度で、ほとんど出てこない。汁粉、吉備《きび》団子《だんご》、空也《くうや》餅《もち》、ジャム、パン、干し柿、煎餅などが出てくることから漱石は甘党で、いつも胃薬を飲んでいたのがわかる気がする。

漱石はさておき、宴会やパーティも、今ではビールでなければ「乾杯！」が始まらない。数あるアルコール飲料の中でもビールの位置づけは別格で、歴史の上でも人類とのかかわりは他の酒類と違うところにある。「とりあえずビール」は「やっぱりビール」でもある。

本稿を書き進めるうちにビールに対する態度（？）が変わった。少しばかりうやうやしく〝いただく〟ようになった。ラベルを確かめ、書いてあることを読む癖がついた。

とくに一人で飲むときは、まず缶の高さを決め、グラスにゆっくり注ぎながら色を見る。少し濃い目の琥珀色のほうが好きである。つぎに泡を見る。細かい泡のほうが嬉しい。味は……となると、正直言ってあまり鑑別できないが、喉ごしのビールはどれでもうまい。こういううまい飲みもののよさがわからない（酒が飲めない）人間が可哀想である。人間、ビールくらいは飲めないと愉しくないだろうにとも思う。

ついでに言うと、ビールの味はふくまれる炭酸ガスが大きな役割を果たしている。「気の抜けたビール」というが、ガスとエチルアルコールが抜けたビールはさっぱりうまくない。ウィスキーの場合はグラスに注いで一晩放置するとアルコールが蒸発し、これもまったく美《う》味《ま》くはない。とすると、酒の味というのはアルコールと炭酸ガスの影響がたいへん大きいということだろう。「気が抜けた人間」という言い方もあるが、ビールの「気」は人間の気力や精神と同じなのかな、とビールを飲みながら考えたりする。

第2章　酒と策略、あるいは酒と戦術

戦術としての酒

「海軍と酒」の前哨戦のような話にする。

アルコールを直接戦術に使った話は昔から世界のあちこちにある。相手に油断をさせるには、女か酒。女には好みがあったり、若くないといけないのですぐには間に合わないこともある。年増がいいというのもいるが、一般的な話である。その点、酒のほうが使いやすい。謀殺計画はしたものの相手が下戸だとわかって作戦は中止したとか、自分のほうが先に酔っぱらってしまったというのでは話にならないが、物語ではだいたい相手は酒を飲む。それも大酒飲み。

日本ではヤマタノオロチ（八岐大蛇）を退治したスサノオノミコト（素戔嗚尊・須佐之男命）も、出雲で老夫婦（名前もわかっているが省略する）から事情を聞いてオロチ退治に採った作戦が酒攻めだった。大酒飲みの人間をウワバミ（大蛇）と言うように、蛇に酒を飲ませるといくらでも飲むらしい（異説有り）。

それはさておき、老夫婦なのになぜ幼い娘がいるのか、高齢出産にしても幼すぎる……貰い子なのか……これまで毎年犠牲になっているというが、年子ばかりなのか。実子ならよく生んだものだ。爺さんの精力のもとはマムシ酒？……その仕返しでオロチはやってくる……などと考えていてはあとが続かないが、すでにそのころ日本に酒があったという前提である。

このときスサノオノミコトが作ったアルコール飲料は八塩折酒といって八回もよく醸した地酒だったという。老夫婦の話を聞いて「よし、酒でいこう！」と決めても、醸造には数十日以上かかる。麹菌を植え付けてから発酵させ、モロミになるまでが日本酒造りの勝負どころでドブロクになっても油断するとアルコールは酢になったりする。

うまい具合に醸造に成功したのだろう。この時代は清酒や吟醸酒はまだない。ミコトは、八岐大蛇がベロベロに酔っぱらったところを退治した。

酒のうえでの失敗は人間でもよくあるが、日本歴史（？）のうえでは八岐大蛇が酒のうえでの失敗第一号ということになっている。飲み過ぎを戒めた神話とも受け取れる。その後、マムシやハブは焼酎や泡盛に浸けられて今でも酒攻めに遭《あ》っている。

ヤマトタケル（日本武尊）も九州征討では、熊襲《クマソ》に酒を飲ませて油断させ、平定に成功した。酒攻め作戦を考えたのは、「そういえば、ご先祖様（スサノオノミコト）は昔、出雲でオロチに酒を飲ませて退治なさったと聞く。そのときオロチの尻尾から出てきた剣を父君（景行天皇）から戴いたのだから、この場合、酒を使った戦術がよさそうだ」と縁起を担いだのかどうか知らないが、酒作戦を採った。熊襲は女好きという情報も得たので酒と女のダブル作戦にした。唄（稗搗き節）も入れたトリプル作戦だったかもしれない。

私の住む広島は出雲に近く、出雲大社へ行く途中、砂鉄が採れる斐伊川近くを通るので、上流の幾筋にも分かれた川を大蛇にたとえた神話がリアルに感じる。

九州の豪族熊襲《クマソ》が支配していた本拠地は南九州の小林から都城付近と言われ、私の郷里・球磨《クマ》、人吉と近い。現場に近いせいか小学生のころ担任教師が熊襲征伐の場面をあたかも目撃したかのように語ってくれた。女装したヤマトタケルが酔いつぶれた熊襲にのしかかる場面も教壇の上で、セリフや動作を交えての説明だからリアルである。今どきは保護者会がすぐに学校であったことを問題にしたりするから先生たちもやりにくい。

「ころはよし！」と、いきなり女装をかなぐり捨てたヤマトタケルを見て、熊襲は、騙されたと知ったが遅かった。「きゃーしもた！（「しまった」このあたりの方言）！」……熊襲は叫んだが、アルコール検出量でいえば泥酔状態であえなくヤマトタケルに刺殺された。その模様をリアルに描いた絵（紀元二六〇〇年を記念した奉納額）が広島の自宅から数十メートルの中須賀神社にある。

この話には、酒と女には気をつけないといけないという教訓もふくまれているようだ。古事記や日本書紀を馬鹿にする者がいるが、こういう教えもあるから大事にしないといけない。

先生の神話はその数日前からあり、スサノオノミコトはかなりの悪ゴロで、天照大神が天ノ岩戸に隠れる原因を作った馬の生皮事件、天ノ岩戸前でのストリップショーなど、何の授業かわからないが面白かった。昭和二十二、三年のことで、進駐軍も日本神話にまでまだ手

奉納額に描かれたヤマトタケルの熊襲征討の図
(広島市安芸区畑賀・中須賀神社、昭和14年奉納)

が回らなかったのだろう。神話がけしからんというようになったのは教育者が洗脳されてからで、まだあのころは兵隊帰りの教師も神話の価値を知っていた。日本人としての気骨を持った先生が多く、カレーライスも西洋伝来のフォークなどは使わず、箸で食べる先生（木村力という書道の先生）もいた。いまどき授業で神話や記紀（古事記と日本書紀）の話でもしようものならすぐ問題になりかねない。私はいい時代に小学生を終えた。

酒を飲ませて謀殺という策略は中世時代から伝説としてたくさんある。話としては面白いが、昔のほうが饗応には用心深かったから、どこまでが本当かわからない。ただし、戦国時代からの風習として主君にはかならずお毒見役が付いていたくらいだから、飲食物による戦術はあったのかもしれない。

前述した人吉にも酒宴にことよせて旧領主を討ち取った有名な話がある。鎌倉時代の建久九年の冬、頼朝の命で遠州相良（静岡の西部）から人吉へ下った相良長頼は城明け渡しに応じない城代・矢瀬主馬佑を討つため近隣の城主と謀《はか》って球磨川（傍流の胸川とも）べりでの酒宴の席上で誅殺したという話が伝わっている。

もっとも、こういう話はあとから捏造《ねつぞう》したものが多く、郷土史家の研究では、軍勢を以《も》って攻めたというのが本当らしい。昔の武将や領主はことのほか飲酒や饗応《きょうおう》には慎重だった。鹿児島といえば芋焼酎というくらい焼酎が特産品で、また、鹿児島県民はよく焼酎を飲む。私は海上自衛隊鹿屋航空基地で二年半勤務したが、その間、鹿児島で清酒を飲んだ記憶がない。鹿児島では「酒」といえば焼酎だった。

鹿屋といえば、特攻――特攻といえば水盃《みずさかずき》が思い浮かぶが、海軍の水盃（水杯）については、身を引き締めて書かなければいけないので別途触れることにしたい。

焼酎は日本のアルコール飲料として歴史もあり、本来、文化度の高い酒類であるが、昔は清酒に比べかなり低いランクに置かれていた。「朝から焼酎飲んで……」というと相当ぐうたら亭主に聞こえる。

焼酎（乙類）の良さが一般に認識されるようになったのは近年（昭和四十年代）で、終戦直後の安価な甲類焼酎（合成）のイメージが影響していたようである。とくに人吉・球磨郡を産地とする球磨焼酎は歴史が古い。『球磨焼酎』（球磨焼酎酒造組合編、弦書房 二〇一二年刊）によれば、「大和朝廷に逆らう熊襲のテロ戦術に使った『醸《か》き酒』とは焼酎だったのではないか」といくつかの検証を交えて書いてある。前述の熊襲征伐はすこし話が古すぎるが、米を原料とする蒸留酒（焼酎?）の造り方は、天文時代に琉球との交易品の泡盛をもとに、球磨川河口の八代を経て米どころの球磨地方に伝来したともいわれる。

しかし、島津藩の焼酎の歴史は意外にもっと浅いところにある。

嘉永四年（一八五一年）に藩主となった島津《しまづ》斉彬《なりあきら》は西洋産業を奨励し、武器弾薬の研究にも力を入れた。その一つが雷管銃という新型銃の開発だった。つまり、焼酎は武器開発が用途だった。火縄の代わりに雷汞《らいこう》とよばれる水銀の化合物（雷酸第二水銀）を起爆薬にするもので、水銀を硝酸で溶かす際にエチルアルコールが必要だった。アルコールは戦術物資だったわけである。

このアルコールの原料には初めは米焼酎を使っていた。米焼酎と鹿児島の歴史は前記した天文期の話より少し古く、鹿児島には十三世紀には製造法が東南アジア（シャム）から伝わっていたという。球磨焼酎と薩摩焼酎の移入時期に違いがあるが、いずれにしても南欧からの流入のようで、蒸留すれば腐敗しないという点で一致する。

薩摩の話に戻る。

起爆薬製造のための米の大量消費は庶民の生活を圧迫するため、斉彬は唐芋（サツマイモ）を原料として発酵させ、アルコールを採取する研究を命じた。サツマイモも鹿児島移入は歴史が浅く、十八世紀初頭に琉球経由で入って来たもの（琉球イモ）で、斉彬が藩主になる前から知られ、享保時代（一七一六年～）に八代将軍吉宗が青木昆陽に命じて救荒作物として栽培が広まってはいたのでもとは食用が目的だった。

雷管銃の開発と芋焼酎の開発の因果関係ははっきり書かれたものがないが、『鹿児島県の歴史』（山川出版）によると、そのあと、芋焼酎をアルコール飲料として特産品にするほうが産業奨励上得策であるとの判断だった。起爆薬の原料だったものが、飲んでみると、けっこう「イケル」ことがわかった動機と産業化への着意は薩摩藩ならではのものだった。

斉彬の時代にどれほど焼酎産業が成功したのかわからないが、島津斉彬という藩主は何事にも先見の明があった。斉彬亡き後、島津藩が大事な幕末を大きなお家騒動（お遊羅騒動、嘉永元年）などで内政に力が削がれるが、のちの海軍誕生との関係を考えると、芋焼酎の開発は「海軍と酒」の下地ともいえる歴史がある。

焼酎ではないが、薩摩の話が出たので西南戦争中のエピソードを紹介する。

田原坂での三月十三日のことというから、明治十年三月三日から始まった田原坂での攻防戦は激戦に継ぐ激戦で、その攻防のさ中である。政府軍の吾妻太郎という軍曹の報告書によると、部下十一名を率いて腹切峠へ出動し、戦闘の合間に、もらった酒を飲んで歌を唄ったりしたのを近衛隊から咎《とが》められたらしく、そのときの反論である。

「少々酒を飲んで放歌したくらいで文句を言われたんじゃかなわない。参謀や将校はけっこう飲んでもお咎めなしか！　もともとどっちについてもよかったのに征討軍（政府軍）についたが、そんなことなら賊徒（薩軍）に与してもよかった」

戦闘の真っ最中のひととき、酒は士気を鼓舞する手段にもなったが、見つかったのが悪かった。腹切峠というのは田原坂の別称で、加藤清正の時代から熊本城防御の前に田原坂が破られるようでは切腹モノという言い伝えがあったらしい。

この西南戦争では乃木希典少佐は第十四連隊長として久留米から植木へ進出、激戦の中で連隊旗手の河原林少尉が薩軍に軍旗を奪われるという事件があった。陸軍の連隊旗というのは海軍では考えられないほど部隊の象徴である。天皇から賜った旗を敵に持っていかれたのでは大恥もいいところ。旗を奪った岩切正太郎という薩軍の兵士が自分たちの陣地で見せびらかして歩いたから、もういけない。乃木連隊長のショックは相当なもので、腹切って死のうとまでした。

以来、乃木の深酒はますます嵩《こう》じた。ドイツ留学中のビールの一気飲みの日本持ち帰りも、ルーツは田原坂に繋がるようだ。本来的な酒の効用を考えれば、ヤケ酒というのは最も程度の低い酒の飲み方であるが、あの軍神乃木将軍にもそういう長い葛藤があったことに考えさせられるものがある。

その点、海軍の深酒は「単なる悪酔い」の部類が多い。

飲酒は、程度にいくつかの段階がある。上戸、下戸、その中間など個人差もあるが、一般的に酒を飲めば最初は気分が爽やかになる。少し進むのがほろ酔いで、この爽快期のほろ酔い期で止めておけばいいのだが、それではおさまらず酩酊。酩酊が泥酔となり、昏睡を迎えることもあるから、やはり、昔から言うように「酒はほどほど」がいい。まったく飲めない人種も哀れな人生。「下戸が建てたる倉もなし」の諺《ことわざ》もある。

歌舞伎や芝居にも大酒飲みが登場する。『慶安太平記』の丸橋忠弥は浪人で、借りた二百両を全部酒代に使っている。「堀端の場」で、フラフラ出てきての名セリフ、「先ずは朝飯に酒二合、そのあと角のどじょう屋でちょっと五合、そこを出てから蛤で二合ずつ三本、そのあと鴨鍋ときわだ鮪の刺身で一升。ここで三合、かしこで五合、集めて三升ばかり」といった具合のアルコール中毒症に近いが、大事なところではしゃんとしていて、犬を追っ払うと見せて小石を堀に投げ、水音で江戸城の水深を測るというところにこの場のミソがある。「酒と策略」に入れるには無理な作り話とは知りながら酒の利用法に入れてみた。

黒船対策としての酒作戦は失敗

酒を飲ませて油断させるという策略は誰もが考えそうなことではある。現代でも賓客に対する接待は、相手の気持ちを懐柔して友好度を高め、こちらに有利な条件をつくろうという手段で、悪く言えば一種の策略にほかならない。こちらのペースに乗せたつもりが乗せられたりすることもあるのは歴史を見ればわかる。

幕末はつぎからつぎと外国船が来航して、武力で脅したり饗応に招いたり、手を尽くした外交手段に出てくるが、メシに呼ばれたからといっても招待状に簡単には「出席」に〇をつけられない。

しかし、アメリカのペリー艦隊の二度目の来航（安政元年、一八五四年一月）のときは旗艦ポーハタン号での艦上昼食会（当時のこと、夜間ということはないだろうとの筆者の推測である）の幕府の外交関係者が〇印を付けて返事した。出席したのは、アメリカ艦隊応対担当の林大学頭等全権理事役の四人ほか学識経験者としての儒学者等数名。

この来航は知られるように、ペリー艦隊はその前年の嘉永七年六月三日に浦賀に来て日本を驚かせ、「来年また来る」と言って、そのとおりにやってきたのだった。このときは幕府も国民もてんやわんやの大騒ぎ。福山藩主の阿部正弘が幕府の老中首座という責任配置で、阿部は民の声も聞いてみようと公聴会を開いたほどである。

老中首座という役職は内閣の首相のようなものと書かれたものもあるが、江戸幕府と現代の政府組織はまったく違う。江戸幕府には将軍のもとに閣僚（幕閣）として大老、老中などがあるが、家柄、譜代、外様で扱いも違う。阿部正弘の場合は内閣官房長官のようなものだったと思われる。権限はないので阿部はことさら言質を取られるような発言は控えていたという。健康も害し、過労がもとで亡くなったと伝えられる。今でいう過労死に（家老死）だった。

公聴会といっても当時のこと、いろいろな部署から一般町民の意見まで情報収集したという方法だったようである。駕籠訴といって、当時は江戸詰めの藩の籠が通るときにさっと投げ込む投書法があったらしい。

なかには具体的な献策もあった。吉原の遊郭の息子らしいが、藤吉という男が、「多数の漁船に酒肴や食材を積んで、歓迎のそぶりをして酒宴を開く。アメリカ人たちが酔っ払ったころ火薬に火を点ける。うろたえるところをマグロ包丁で斬り込む」という作戦だった。

酒を使った典型的な作戦だったが、幕府には無視され、そういうときに二度目の来航を迎えたのだった。

しかし、二度目の来航でのアメリカ側の接待、その答礼としての日本側の饗応は、どちらも策略を越えた誠意を尽くした饗宴だったようだ。アメリカ側の接待には日本側はすっかり乗せられたらしく、ワインやビールで皆いい加減に酔っ払ってはしゃぎまわった。なかにはペリー提督に抱きついて肩章に触ったりする者もいた。

双方の宴が終わると、お互いに、「うちのほうが接遇の仕方が優れていた」と思っていた。日本人の礼儀としての、「これはつまらない料理ですが……」と挨拶したのを、通詞がそのまま訳したので、「つまらないものを出された。われわれのほうが程度が高かった」と思うアメリカ人もいたという。

当時の幕府が外国人への公式饗応にどんな料理を出していたのか、ペリーに随行したサミユエル・ウィリアムズという外交官兼宣教師がのちに著した『ペリー日本遠征随行記』の抜粋が『イギリス紳士の幕末』（山田勝著、ＮＨＫブックス）にあったので、孫引きになるが、略記する。数回の食事のうちの一つらしい。

『手交した文書を検討するため幕府の応接掛が退席している間二人の侯からのもてなしを受けた。茹でた海藻、クルミ、人参のみじん切り、卵などがまわりに盛りつけられた魚の活き造り二種類が酒や調味料とともに運ばれてきた。沖縄料理並みに塩味は薄かったが、味付けはまんざらでもなく、……（中略）……今日の料理は標準かもしれないが、さして費用をかけたものではなかった。しかし、日本側の行為をはっきりと表してはいた。昨年夏の会見時からみれば大変な進歩である』

もうこのころになると酒・肴での接待は謀略には使えず、誠意を示す外交武器に代わったようである。

蛇足であるが、サミュエル・ウィリアムズは日本語、中国語にも通じていて、マカオで「マタイによる福音書」を日本語訳した宣教師としても知られる。

五稜郭の戦いの陰に灘の生一本あり

酒を使った戦術と酒というよりも、戦闘中のエポックというほうが適当かもしれない。戊辰戦争末期の美談となっている。

五稜郭の戦いの真っ最中、立て籠もる幕府軍に政府軍が清酒五樽を贈ったという話は戊辰戦争の余話の一つであるが、「こういうときは、日本人はやはり樽酒だなあ」と思うので、ここで取り上げてみた。

明治二年になっても戊辰戦争はつづき、幕府海軍総裁を自称する榎本武揚率いる幕府軍は箱館の五稜郭に籠城して最後の抵抗をしていた。明治二年五月のことで、政府軍の征討部隊参謀の黒田清隆は総攻撃を前にして榎本武揚に全面降伏するように勧告した。

榎本の返事は「もとより降伏するつもりなし。存分に攻めるがいい」で、討死するつもりで、オランダ留学のとき手に入れて大事にしてきた『万国海律全書』という海軍の法律書を黒田に届けさせた。武揚は釜次郎と称していた若いころから向学心が高く、長崎の海軍伝習所時代、だらだらしている伝習生のなかで釜次郎だけはよく勉強し、とくに人が嫌がる石炭運びなども進んでやる、と教官のフォン・カッティンディーケ大尉が認めていた。その後、オランダ留学もして幕府海軍の充実に貢献した。蝦夷《えぞ》への脱出は戊辰戦争で幕府を見限り、北海道に蝦夷共和国を建設して旧幕府関係者の救済も考えていたからだともいう。

　箱館戦争は海上、陸上をふくめた広範囲な戦闘で、五稜郭戦争は一連の戦闘の局地戦であるが、旧幕府軍の降伏をもって戊辰戦争は終結した。その前の海上戦闘といえば箱館沖の海戦が知られ、幕府軍軍艦「開陽」「回天」「蟠龍」「千代田形」が登場するのもこのときのことである。

　黒田は榎本の贈物に感激した。お返しに灘の生一本の樽酒五樽とマグロ五尾、それに弾薬まで贈った。弾薬は「いらない」と言ったが、酒とマグロは喜んで受け取った。マグロは場所柄から大間の一本釣りマグロだったのかもしれない。

榎本武揚の助命で頭を丸めた黒田清隆（酒乱癖があった）

　後日談も沢山あるが、結局、榎本武揚は生き残る。とくに助命の嘆願をしたのが黒田清隆で、そのため頭を丸めた写真を遊就

館（靖国神社）ほかいくつかの歴史博物館や資料館で見ることができる。（晩年の正装写真姿は第5章で再掲）

その義侠心のある黒田は若いころからよく酒をのみ、相当酒癖が悪かった。いろいろな逸話があるが、その最大のものについては「エピソード」の部で触れることにする。

第3章　海軍とアルコール飲料各種

【ウィスキー編】

ウィスキーならやっぱりスコッチから

ビールが人類の「文明」なら、同じ人類の発明品でもウィスキーは「文化」だと私は思う。普段は「文明」と「文化」の違いなどあまり考えないが、ビールとウィスキーを前にしてみると、ビールは古代中東の民の生活の中で自然発生的に発展したもの、ウィスキーは自然科学をさらに追究して創り出したものという区別ができるのではないかと思う。

ビールの場合は、糖化の工程で植物のホップの花の蕾（毬花という）を一緒に煮込んで苦みと独特の香りを付けるという人類の知恵に感心するが、ウィスキー造りはさらに数倍もの複雑な知恵が働いている。モルトウィスキーでは、原料の麦芽を乾燥させるのに泥炭（ピート）を燃料に使う（すべてのウィスキーではないようだが）のはよく知られるが、微生物学が駆使された科学の産物である。

ウィスキーは古代からあった香水づくりの理論と同じで、発酵させた液体を蒸留させたものだからかなり昔からあったのではないか、という説もある。昔というのは旧約聖書の箴言第二十章第一節に「強い酒は人をあばれ者とする」、第三十一章第四節に「レムエルよ、酒を飲むのは王のすることではない。濃い酒を求めるのは君たる者のすることではない」とあって、この「濃い酒」こそウィスキーではないか、という俗説もあるようだ。

有史以降の歴史では、十世紀より前から、とくにアイルランドではそれをゲール語でウスキボウ（usque baugh）とか呼んでいたという。しかし、そのころの〝ウィスキー〟がどんなものであったかはっきりしない。化学的見地からは、現在のものとはかなり違うというのが専門的な見方のようである。

スコッチの発祥になるともっと遅れていて、一四〇〇年代半ば以降（一四七〇年ごろ？）ともいうが、この時期のウィスキーは未成熟だったはずだ。なぜかというと、本格的な開発は十六世紀以降、微生物学が急速に発展したことと同時進行しているからだ。

ここで余談を承知で少し脇道に逸れる。

そうすると、シェークスピア（一五六四〜一六一六年）は、本格的なウィスキーはまだ飲めなかったのではないか、いいウィスキーに出合っていたら作品にも影響したかな……とか、没後、ちょうど四百年だからではないが、想像してみるのも愉しい。

「光るもの必ずしも金にあらず。All that glisters is not gold.」（『ヴェニスの商人』第二幕七場）とか、「男って奴は口説くときだけ春で、結婚したとたん冬になってしまうもんだ。Men are April when they woo, December when they wed.」（『お気に召すまま』第一場）

などと数々の名言を創った紗翁だから、戯曲のなかにはっきりとウィスキーに関する台詞《せりふ》がないかと調べたが、今のところ探し出せない。リチャード三世に、「ウィスキー？……このオレを狡猾だと人は言うが、あの飲み物ほど、人を落としいれ、狡賢く残忍なものはないさ」

などと言わせたかもしれない。そういいながら、リチャード三世はウィスキーの魅力に取りつかれ、終幕のボズワースの戦いの敗死直前の、「馬をくれ！　馬をくれた者には城をやるぞ！」の名台詞も、「馬をくれ！　馬をくれたらウィスキーを一万バーレルやるぞ！」になっていたかもしれない。

もっとも、リチャード三世（グロスター公）もシェークスピアもイングランド出身だから、ウィスキーがあったとしてもスコットランドの飲み物は敬遠したとも考えられるが……。スコットランドが舞台のシェークスピア戯曲といえば『マクベス』。一〇四〇～五七年に在位したスコットランド王がモデルというから、幕開けで三魔女がマクベスを悪の道に誘い込む手段の飲み物に使えないこともないなあ、と大文豪の作品にもやたらと想像が膨らむ。

シェークスピアはウィスキーを飲んでいない？

そうは言いながら、ヘンリー四世の言らしいが、「この私に息子が千人いたとしても、真っ先に教えてやる人間としての道は、安っぽい酒は飲むなということだ」という酒に関する言葉がある。

シェークスピアもヘンリー四世を芝居にしているので、念のため松岡和子氏の近年の翻訳（たいへん読み易い）で『ヘンリー四世』（ちくま文庫）を読み直してみた。シェークスピアものの中では長大で、第一部、第二部を合わせると『ハムレット』の三倍くらいあって正直なところ、わかりにくい。ヴェルディがオペラに仕立てた『ファルスタッフ』も『オテロ』や『アイーダ』に比べると地味でオーケストラにこれといった旋律もなく、歌手にとってもアリアらしい長い独唱もなく、よくわからない。ただ、どちらもフォルスタッフ（オペラでは「ファルスタッフ」）が重要な役を占めている。

大食漢で酒好きの肥大漢だけに元の戯曲では料理のほか、ワイン、ビール、シェリーが何回となく登場する。とくに「シェリー」はざっと数えたら第二部第四幕第三場以降でも三十回近く使われているのがわかった。しかも、文章の前後からシェリー酒はランクの高い部類の酒として扱われているようだ。やっぱり「ウィスキー」はなかった。

聖書とシェークスピアは高校生のとき少しでもかじっておくのがいいようだ。シェークスピア戯曲も高齢になっては読むのが億劫になってしまう。若いころは、一つ一つの台詞に感じるものがあった。『ハムレット』でのポローニアスが、旅立つ我が息子レアティーズへの助言、「友人だと思ってもけっして金を貸すな。友情が消えるもとだ」などは、そのまま教訓になった。昔夢中になって読んだものはこんなときに思い出すことができる。

しかし、この年（七十六歳）になると別の名言に感じることがある。前出の『ヘンリー四世』第二部に、By my troth I care not, a man die but once, we owe God death. というフォルスタッフの台詞があって、「なに、かまうもんか。人間一度しか死ぬこたねえ、命は神からの借りものだからよ」（坪内逍遥訳をもとに筆者が勝手に直した）ということだそうで、まことに身に染みる。（注 troth は truth の古語）

ウィスキーの歴史に戻る。

ウィスキーの開発は、とくに一八〇〇年代にフランスの化学者ルイ・パスツール（一八二二〜一八九五年）の貢献が大きい。パスツールはウィスキー造りが趣味だったわけではなく、微生物研究の成果が酒造関係者のウィスキー造りに応用されたわけで、今日でも、ワインやビールをはじめ、牛乳など液体飲料の低温瞬間殺菌を「パストライズ」とか「パストリゼーション」、殺菌装置を「パストライザー」というようにパスツールを顕彰する化学用語がいくつかあることからも偉大さがわかる。

眼には見えない酵母菌や麹菌などの微生物は考えずに、目に見える酒を飲むほうが愉しいが、どうでもいいようなことを考えながら飲むのも悪いことではない。アルコールはもともと消毒効果もあり体じたいをパストライズしてくれると思えば飲酒の愉しさが増す。こういうのは体温長時間殺菌とでもいうのだろうか。

原料の選択、発酵、モロミの製造、多様な蒸留方法、樽詰め後の熟成期間……どの製造工程をとっても人間の知恵が結集されている。樽詰めしたら、それで終わりというのではなく、柾目取りしたホワイトオーク製の樽はサイズによって液体の接する面積も異なるから数種

（一般には五種類で一番小さいのは百八十リットルのバーレル樽）に分散して熟成、数年の経過を待つ。樽の選択、注入、管理も専門職人による特殊な保管方法がある。短くても六年。十年以上に及ぶ貯蔵期間中の熟成を専門書の化学式で見ると、素人の私でも、科学的というよりも神秘的な変化と言ったほうがいいように感じられる。それだけではない。最後はさらにブレンダーという特別な感応技術を身に付けた専門家が調整し、完成させる。

こういう一連の人間の知恵を結集した飲みものはほかにはないのではないか、造れるとしても民度の高い国でないとできないのではないか……にわか勉強（飲むのもふくめて）ながら、そんなことを考える。

ウィスキーは知恵と科学の結晶

実際、ウィスキーはビールと違って世界のあちこちで造られてはいない。生産地域を分類すれば世界でわずか五種類。つまり、スコッチ、アイリッシュ、アメリカン、カナディアン、それにジャパニーズで、原料や気候が大きな条件となるが、何と言っても科学心のある知的国民がいる国に限られるようである。日本と似た気候の朝鮮半島でも造れないはずはないと思って調べてみたら、過去に韓国でも〝国産〟ウィスキーが製造されたことがわかった。しかし、ブレンドや熟成の不正行為が多く、すぐに中止になったようだ。「文化」と「民度」

の違いとは、そういうところにあるようだ。ウィスキーを造るには知性や感性とともに高潔な精神性が要求される。理化学的にも、バニリン酸やバニリンという熟成途上で自然に生まれる微妙な化学成分の調整も必要で、マッコリやソジュ（焼酎＝韓国焼酎）造りなどとはまったくレベルが違う。民度とか品格の違いとはそういうことなのかなあ、とウィスキーからも国民性の違いを考えたりする。日本民族はやっぱりレベルが高い。

五大国産ウィスキーの銘柄例

ウィスキーが国民の文化度（科学、研究、自然に対する探究、教養など総合的な国民性）による産物という意味では五大ウィスキー産出国のなかでとくに注目していいのが日本である。探究心が旺盛な鳥井信治郎、竹鶴政孝をはじめとする数名の先駆者、当時の日英同盟を背景とする国際関係など、さまざまな要素がウィスキー開発の力になっており、戦争を挟んで苦難の時期もあるものの、現在「ジャパニーズ」が世界的に「スコッチ」よりも高い評価を受けるようになったことに日本人として誇りを感じる。二〇一四年秋には、英国の著名なガイドブック『ウィスキー・バイブル』15年版が「山崎シェリーカスク２０１３」を世界最高のウィスキーとして選出したと報じている（中国新聞、二〇一五年一月一日）。「日本のウィスキーはスコッチと同等以上。質が低いという消費者の（従来の）認識が変わってきている」と同書の著者（ジム・マリー氏）のコメントとともに、ニッカについても余市蒸留所の石炭直火蒸留の特性を称えている。サントリー、ニッカともに海軍と関係深い国産ウイスキーの老舗であり、嬉しいことである。

最近、ウィスキーへの日本人の関心が高まった。

数年間、肝機能が低下したとき、ウィスキーはアルコール度が高いというだけの理由で自主的に控えていたが、ウィスキーには人類の文化として学ぶものがたくさんあることに気づいてきた。化学的にはエタノール（C_2H_5OH）と若干のエステル類の化合物であるが、そんな単純なものではないことがわかってくるとホントにSpirits（精霊）が内在しているようにも思える。知恵（wisdom）の結集と思う一方、wisdom が転じた wise man は男の魔法使いの意味だから、ウィスキーは魔法なのかもしれない。

まえおきが長くなったが、本題に入る。

日本海軍と酒とのかかわりから言えば、ウィスキーからはじめたほうが口もまろやかになりそうである。陸軍はドイツビールだったから、その向こうを張って海軍はイギリスウィスキーというのでもないが、明治海軍といえば英国海軍が手本だった。

なぜ英国式になったか、詳しいいきさつはともかく、ようするに海軍創設期は薩摩人の力が強かったからである。

大英帝国といえばスコッチに代表されるウィスキー。ビール（エール）もあるが、国民性の違いで、イギリス人はビールもドイツ人のようにパブ（居酒屋）でがぶ飲みはしない。下町では一七〇〇年代初期に開発されたポーターという安くてコクのあるスタウト（黒ビール系）がよく飲まれるようになったらしいが、下面発酵と上面発酵は生産量からも違うようだ。

紳士を標榜するイギリス人（男性）がどんなウィスキーの飲み方をするのか、はっきり書いたものは未見であるが、食事のマナーにも厳しい国なので幕末から明治初期にかけて留学した薩摩人もイギリス式の飲み方を身に付けたと思われる。

私が三等海尉になって初めて勤務した職場は海上幕僚監部（当時は六本木にあった）だった。幹部候補生学校を卒業し、遠洋航海を終えたら艦船や航空部隊で実務に就くのが普通だが、なぜか私は最初から〝お役所〟のような仕事で、おかげで若いうちにほかの者が経験しないようなことも学んだ。

あるとき総務課渉外班から、「在日米海軍士官との交歓会があるので出席してくれないか」と誘いを受けた。年配者ばかりなので一人くらい若いのを出そうということで、海幕最年少幹部自衛官の私を入れたものらしい。

十人ほどの先輩たちに混じってマイクロバスで連れていかれた場所はアメリカ大使館ではなく、都心からかなり離れた中央線沿線の大きな邸宅で、客は日米合わせて二十四、五人だったからプライベートな会合だったのだろう。おつまみ程度で、宴会らしい騒がしい雰囲気でもなかった。アメリカではなくイギリス大使館関係者だったのかもしれない。

蝶ネクタイの執事のような年配の人が、もの静かに日本側の一人一人に、「飲み物は何に致しましょうか」と聞いてまわっていた。「スコッチをスコッシ」となどと言う先輩に倣《なら》って私も「オンザロックを……」と注文した。執事はつぎつぎと聞いてまわり、メモも取らずにダイニングルームに消えた。

しばらくして大きなトレイにビールやウィスキーとみられる飲み物が入ったタンブラーやグラスを十個ほど載せて戻ってきたが、日本側の一人一人に、「こちらでしたね」とか、「スコッチです」とか言いながら、注文どおりの飲み物を渡して回るのに驚いた。注文のときちゃんと顔まで覚えているらしい。まさにウェイターのプロをみたような気がした。

さらに驚いたのはオンザロックの氷だった。オンザロックといえば大きめの氷にウィスキーを注いだものだと思っていたが（そのとおりだが）、グラスに入った氷の形状と大きさがまさに〝ロック〟で、早い話が一つの氷塊。日本では「オンザロック」というが、英語ではon the rocksとするのが正しいようで、複数の氷塊が正しいのかもしれない。辞書にScotch on the Rocksというちゃんとした英語があるが、甲子園のカチ割り氷にウィスキーをそそいだものは水割りと言い、さらに砕いた氷と混ぜたものはミストと言ったりする。

ウィスキーの飲み方にはいくとおりもあって自分で好きな飲み方で飲めばいいわけであるが、on a rockと言う場合は言葉どおりの味わい方になるのだろう。

三人ほどスコッチのオンザロックを注文したが（こういうときは大体みな「私も」「私も」と言う）、みな同じような形状と大きさだった。執事さんは、よほどアイスピッカーの扱いに慣れているのだろう。

私など駆け出しの三等海尉。スコッチは知っていてもウィスキーには、ほかにどんな産品、銘柄があるのかほとんど知らない。「トリスを飲んでハワイへ行こう！」という山口瞳が作ったというキャッチコピーを知っているくらいで、南米遠洋航海ではブラジルのピンガ（サトウキビ酒）やアルゼンチンのワイン「チンザーノ」はよく飲んだが、ウィスキーまでは「勉強」していなかった。執事さんのサービスで飲んだオンザロックのスコッチもきっと高級ウィスキーだったのだろうが、味などは覚えていない。氷の形状だけが印象的だった。ウィスキーと氷は近い存在であるが、氷の大きさや形が旨さを表現するとは知らなかった。大きな氷塊だから溶けるのもゆっくりで、それに合わせて味わうことができる。

オン・ザ・ロックの場合、氷塊の上から注いだウィスキーはそのまま氷に沿って落ちるが、多めにウィスキーを入れても氷はグラスの底に沈んだままで、浮かぶことはない。氷は水に浮かぶものと思っていたが、エタノールによって水全体の比重が氷より小さくなるためで、on the rock の名もこれに由来するのだろう。エタノールと水の量が半々くらいまでは氷は底に収まるらしい。

懇談の合間に、執事さんにちょっと尋ねてみた。戦前はロンドンのホテルで働いていたこと、戦争が始まる前（私が生まれた昭和十四年と言うので、はっきり覚えている）に帰国し、東京水交社（昭和三年、東京市芝区栄町に創設）で勤務したことなどを少しだけ聞き出せた。やっぱり英国式だったんだ！　と自分なりに納得した。昭和四十一年の……服装から、冬のことだったと思う。

この話はだれにしようもなく、温存して五十数年たったが、明治以来の日本海軍と大英帝国の関係はこういうところにもありそうである。

氷にこだわるが、冷蔵庫で作った角氷や砕いた氷ではあの雰囲気は出ない。水割り用のカチ割り氷を買っておけば似たものは作れるが、塊が全体的に小さく、この飲み方はオンザロックとは言わず水割りという。ウィスキーは氷の大きさ一つで雰囲気が違ってくる。もっとも、昔の海軍は皆が皆いつもそういうたしなみだったというものではなく、けっこうマナーや酒癖の悪い者もいたようで、のちほど実例をあげて紹介したい。

ウィスキーにはいろいろな飲み方があるが、基本的には、ストレートを水と交互にチビチビやるのが香りを味わうにいいのだというイギリス通もいる。西部劇映画では『荒野の決闘』のドク・ホリデイ（ヴィクター・マチュア）のようにショットグラス（ストレートで飲む小さなグラス）でクワッとあおったりするが、アメリカではトウモロコシを原料にした開発期（一七九五年「ジム・ビーム」創業）以前のOne Day Whiskeyという未熟成ウィスキーが多かったからで、今は同じトウモロコシ原料でもケンタッキー（バーボンで知られる）やテネシーにいいアメリカンがある。ドク・ホリデイの場合は病気や複雑な過去があってヤケ酒に近い。それでも、初登場場面につづくワイアット・アープ（ヘンリー・フォンダ）との会話で、「ウィスキーだろ」と言われると、ドクは体裁を張って「シャンパンだ」と言うのにジョン・フォード監督の意図がありそうだ。

私は、アメリカへ行くと、帰りに一本だけ免税店で買うのはテネシー産のジャック・ダニエル。ケンタッキーやテネシーを数回走り回ったこともあって、帰国後しばらくアメリカドライブの余韻を愉しめる。ジェントルマン・ジャック（ジャック・ダニエルの上級品）特有の芳香を味わうには西部劇式飲み方ではもったいない。ストレートかオンザロックがいい。日本海軍ではバーボンはあまり飲めなかったはずだが……と想像するとちょっと優越気分になれる。

昭和初期の海軍がスコッチを愛飲した話はあちこちに残っていて、とくにジョニー・ウォーカーとオルド・パーを珍重していたようである。バーボンの話は見つからない。山本五十六は大正八年からのハーバード大留学、大正十四年からの駐米大使館付武官などアメリカ在勤もあるので何かありそうであるが、阿川弘之氏の『山本五十六』でもバーボンは登場しない。登場しないから飲んでいないということではないが、もともと山本五十六は酒の付き合い方は上手でも飲酒はあまり好きではなかったようだ。「けっこう飲んでおられたそうです」という戦後の女将たちの話は先代からの又聞きなので伝説化している場合が多い。下戸ではなかったようである。

ウィスキーに関する話ではないが、阿川氏の『山本五十六』（新潮社、昭和四十年）にはこんな記述はある。山本の霞ヶ浦航空隊副長時代の甲板士官三和義勇との会話の一部（同書初版本七十五頁）がある。三和が遺したノートが出典となっている。

ある航空機事故の捜索がつづいた日曜日、山本大佐の借家に呼ばれ、しばし時を過ごした

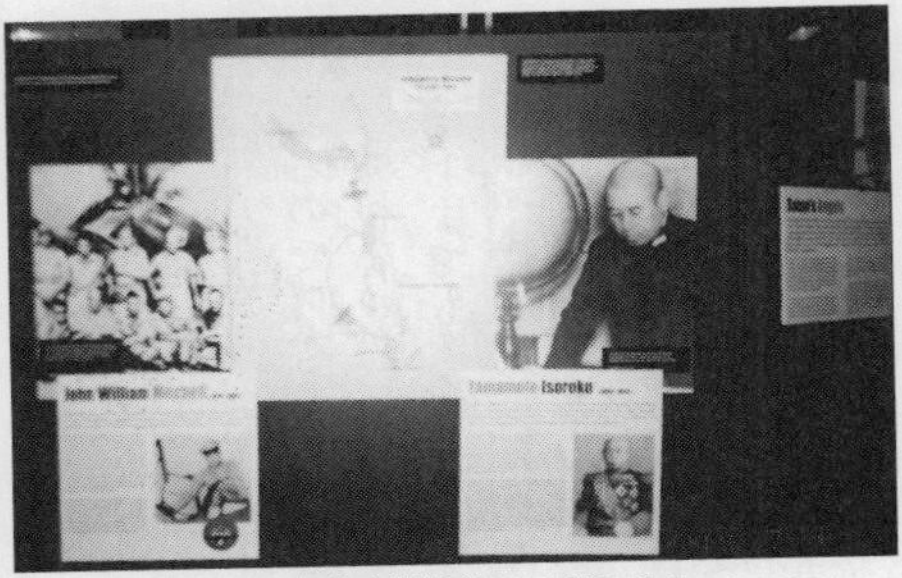

シアトル航空博物館のアドミラル・ヤマモトコーナーの一部（筆者撮影）

独身の三和は、山本も家族が留守だったため水風呂に入ったり、おかずは山本の手料理で茄子の煮付けだけの昼食のあと西瓜が出た。山本は、二つに割った西瓜の半分にワインと砂糖をたっぷりかけて食べたという。

三和は夕方まで居て、夕食の鰻飯を食べたあと、「副長は、酒ははじめからやられんのですか？」と聞くと、山本は、「イヤ、中尉のときまでは飲んだことはあった。練習艦乗り組みのとき候補生迎えに江田内へ入った夜、教官をしているクラスと飲んでの帰り道にドブにはまってそのまま寝てしまった。それで、所詮自分は酒に強くないと気づいて、それからはやめた」と述べた話がある。

この話にはもう一つ場所が違うのがあって、酔っ払って水路に落ちたのはロンドンでのことで、それで覚《さと》ってアルコールは自粛したのだともいう。山本五十六は公務でロンドンへ数回行っている。この話なら大正十一年の井出謙治大将に随行して欧米視察をしたときのことだろうか。このときは中佐で、翌年には大佐になるから、そうなると酒を控えるようになったのは遅かったということになる。甘党で知られる山本五十六であるが、越後の人はいったいに甘いものが好きと書いたものがあった。嗜好に県民性というほどではないにしても食習慣から来る好き嫌いはある。しかし、越後といえば米どころ、酒どころ――という背景もある。酒どころの人間は皆酒を飲むといえないが、山本が酒はあまり飲まなかったというのはやはり霞ヶ浦での述懐にあるように自主規制によるものだったのだろう。

話が現在に飛ぶ。アメリカには今でもアドミラル・ヤマモトには関心が高いようで、二〇一四年に立ち寄ったシアトル・タコマ空港近くにあるボーイング社管理のフライト・ミュージアム（航空博物館）にも山本コーナーがあり、日本海軍の史料とともに山本機を撃墜したミッチェル機や搭乗員に関する資料が展示してある。

山本五十六とウィスキーの関係と言えば、サントリーの鳥井社長がトラック島の山本長官に慰問品として大量のサントリーウィスキーを贈った話をこのあと書くので、そのままえおきとして記した。

Whiskey と Whisky の標記例
(左はアイルランド産)

アメリカンを飲んでいて気付いたことがある。ウィスキーは英語で Whisky と書くと覚えていた。ふとジャック・ダニエルのラベルを見たら Whiskey となっている。大型酒販店へ行ってケンタッキーの代表的バーボン「ワイルド・ターキー」のボトルを見たらやはり Whiskey になっていた。開発が遅い（南北戦争後）アメリカンの表示はｅが入るというが、アイリッシユもwhiskeyになっていて（こちらが先らしい）、理由はわからない。俗説はいくつかある。

世の中には「なぜか」と疑問を持っても、「そういうことになっている」で済むものがあるから、ウィスキーの英語スペルにeがあってもなくてもイイが、ちなみに、ジャパニーズはWhiskyである。つまり、スコッチ系ということか？　念のため、またまた酒販店へ行って確認し、ついでに創業が一六〇八年というブッシュミルズ社のBlack Bushというアイリッシュ・ウィスキーを買ってきた。もちろんeが付いている。

その隣にカナディアン（カナダウィスキー）があって、Aristocrat, Canadian Whiskeyとeが付いているのを買ってみた。値段も安く（七百五十ミリリットル瓶八百八十円）、ストレートで口をふくむと、トロリとしているわりには軽い感じ。そのほかどこが違うのか、と聞かれてもよく説明できない。カナダウィスキーはバーボン系を汲むというが、商標にeがない「Whisky」が多いのがわかったくらいである。アリストクラットに二通りのラベルがあるのもわかった。来歴に複雑な背景がありそうだ。最近なぜか、頻繁に酒販店へ行くようになってしまった。

いろいろテイスティングしたあとでサントリーの角瓶でもう一度口を潤す。そうすることでなんとなく違いがわかる（ような気がする）。私は日本海軍との縁が深い「角」を比較の基準酒としているが、値段的にもいちばん大衆的な国産ウィスキーである。もとより目利きができるほどのマニアでもなく、目隠しして「当てろ」と言われても利き酒には自信がない。言えるのは、どのウィスキーもそれぞれのよさがあるなぁ、ということくらいである。

昔、ポケットウィスキーというのがあって、瓶の口に口を当てて直接のんでいたからか、あれはうまいとは思わなかった。スキットル（水筒タイプの携帯用酒入れ）をもとにしたボトルだったのかもしれない海軍機では（陸軍も？）スキットルに詰めたウィスキーやブランデーを機に積んでいた。寒いので体内保温や救護用という名目だった。

海軍はウィスキーもよく飲んだ……という話だけでは「そうか」で終わってしまう。「いろいろ飲んでいる」と書くと、「勝手に飲め」と言われそうなので、人類の知恵とも叡智とも、文化の産物ともいえるウィスキーの基礎知識をもう少し書いてから先へ進みたい。知っていて飲むとさらに味わいに深みが出る、と最近、自分でも感じている。

ウィスキーは、簡単に言うと、醸造した原料（発酵モロミ）を加熱して得た蒸留液であるが、蒸留方法にアランビック型と言って、銅製の釜を加熱して蒸留液を取り出す単式蒸留器式と連続的にモロミを加えながら蒸留していく連続式蒸留機式がある。蒸留器と蒸留機の違いもそこにあるらしい。大麦麦芽を原料として単式で取り出したウィスキーを「モルト」(malt) と呼び、トウモロコシやライ麦などの穀類を原料として連続式で抽出した液体を「グレーン」(grain)、両方を適宜混ぜたのを「ブレンド」(blend ＝サントリーの「角瓶」など）という。

ウィスキーは樽に詰めて長期保存するのが特徴で、一つの蒸留所の一つの樽から取り出したものをシングル・カスク（樽）、同じ蒸留所で、同じ条件で熟成した原酒を調合してボトルに詰めたのをシングルモルト（ニッカウヰスキーのブランド品「余市」など）、いくつかの蒸留所の原酒を混合調整したものをブレンデッド（以前はヴァッテモルトと言っていた）という。調整しないでモルトだけで造ったのをピュアモルトとも言うらしいが、区分の仕方がすこし違う。ウィスキーを味わうにはあれこれ考えない方がいい。頭が混乱する。

蒸留して得た酒をスピリッツ（sprit）とも言い、精神や精霊の意味だから、「なるほどなあ」と思う一方、spritには幽霊とか悪魔の意味もあるから、さらに「なるほどなあ」と感じてしまう。「悪魔の水」とも言う。日本でも酒（一般に日本酒をさす）を「きちがい（気狂い）水」ともいうから、人間の考えることは一緒のようだ。

ウィスキーは、樽で熟成中にかなりの蒸発量があるらしい。熟成期間にもよるが、六パーセントから十パーセント減るそうで、この目減り量をプロ職人は「天使の分け前」と呼ぶらしい。天使は未成年。「お酒は二十歳から」と教える必要がある。宗教画も見方が変わる。

さらにもうひとつ「なるほど」を付け加えると、日本でも酒のアルコールを「酒精」ともいう。「酒は魔物」とも言う。「悪魔の水」になったり「天使の分け前」になったり、洋の東西を問わず同じ感覚にいっそう興味が高まる。

そんな深い意味はつゆ知らず、「スコッチはうまい」、「バーボンもいい」とか、「国産もなかなか味がある」とかいうが、ウィスキー造りは前記したようにたいへん複雑な研究と経験の結果から生まれた産物である。発酵には麹菌だけでなく調整のため乳酸菌を使うことも知った。私が「ウィスキーは文化」と感じるのはそこにある。

もっとも、飲むときはあまり理屈っぽいことは考えない方がいい。シングルモルトでピュアモルト……などと考えていたらゆったり気分で飲んではおれない。造り方による区分や呼称の違いくらいは知っていると逆に味わいに深みが増すだろう。

サントリー角のカク付け

ウィスキーは本来やたらに飲むものではない。海軍でもウィスキーはゆっくりと飲むのがマナーだったらしい。マナーというよりも、昭和の半ばごろでも、ウィスキーといえばスコッチはあっても、ジョニー・ウォーカーなど高嶺の花というか、崖っぷちの百合のようなもので簡単に手は届かなかった。サントリーの角瓶（一九三七年発売、経緯は後述）は今では大衆価格になったが、戦争中は「角」というだけでランクがわかる国産ウィスキーの代名詞だった。角より少し格が高い、別称「ダルマ」のサントリーオールドの誕生は戦後である。

十七年四月初旬に、サントリーの鳥井信治郎社長が南方に進出している連合艦隊司令長官山本五十六にかなりの量の角瓶を慰問品として贈ったことがあった。この話は給糧艦間宮主計長だった角本国蔵氏（経理学校二十二期＝兵学校六十一期コレス）から直接聞いた。大事な寄託品なのでトラック島に着くまで毎晩数量を確認し、ことさら慎重に運搬したという。

海軍には昔からギンバイという、ちょっとした飲食物をくすねる悪（?）習慣があった。糧食搭載では砂糖を一掴みそのままポケットに入れたり、豆腐を一、二丁持ち去ることなどざらにあった。ギンバイ袋というのを作って堂々と持ち歩く下士官もいた。変わった食品を居住区に持ち帰って自慢する者もいたらしい。

無事に艦隊司令部に届けたときはほっとしたという。角本氏はこのときはじめて「大和」に乗ったと言っていたが、連合艦隊旗艦が「長門」から「大和」に移ったのが十七年二月十二日なので艦艇司令部歴とも時期が合う。無事に届けた「角」はどうなったか。山本五十六宛ではあるが、公的な贈物なので当然、南方泊地に停泊中の艦隊に配分されたという。

その裏事情を、少し憶測を交えて説明する。

サントリー（現在のサントリーホールディングス）の前身である寿屋が創業され、山崎で蒸留所を開設したのが大正十二年（一九二三年）。NHK朝の連続テレビ小説『マッサン』で知られるように、スコットランドでウィスキー製造法を勉強した竹鶴政孝を蒸留所長に迎えて本格的な国産ウィスキー造りを開始、昭和の初め（四年）に日本初のモルトウィスキー「白札」（サントリーホワイトの原形）を販売するまでに至った。

マッサンは十年契約だったため更新しないで以前から計画していた北海道でのウィスキー製造に夢を託して寿屋を退くが、鳥井社長は、「白札」製造八年後の昭和十二年に、山崎で「白札」をベースにして改良した新型国産ウィスキーの発売にこぎつけた。

大きな賭けだったが、大正十年末に廃棄された日英同盟の影響もあって昭和になると舶来品の輸入にも制限が増え、とくに洋酒の輸入は停止、国内は戦時体制に移行したからウィスキーも国産が勝負どころになった。

竹鶴政孝と夫人（竹原市観光資料から）

寿屋（のちのサントリー）の「角」が発売されたのが昭和十二年、マッサン時代の原酒をベースにした高級ウィスキー（ブレンド）だった。ウィスキーにも銘柄や愛称が付いたものが多いが、「角」に固有名標記がないのは「角瓶」で通ってきたからだろうか。ラベルも、ただ「Suntory Whisky」と飾り文字で書かれ、since 1937 と併記があるだけである。確認のためサントリー㈱の社歴、製品販売時期を調べたら、「角瓶」という呼称の正式命名は一九五〇年（昭和二十五年）とあって、標記はなくても「角瓶」は正式名らしい。テレビのコマーシャルでも井上陽水が「角は心のごはんです」と言っていた。

「角瓶」は順調に販路を伸ばし、昭和十四年には海軍の〝御用達〟（「大日本帝国海軍指定品」のブランド取得）にも成功する。軍需品となると戦時統制のなかにあっても原料小麦等の受給もできた。旧海軍の元主計科士官の資料によると、十三年ごろから軍需部や水交社で定量的な購入が行なわれていたとあり、「ウィスキーといえば角と言うくらいだった」（瀬間喬元中佐）とあるから宣伝も浸透していたようだ。「サントリー」の社名登録は戦後のことであるが、戦前から海軍でも社名も商品も「サントリー」で通じていたという元主計科士官の言葉も裏付けになる。

前述の山本五十六連合艦隊司令長官に対する鳥井社長直々の慰問品は海軍への謝礼の意味もあったことが伺《うかが》える。社長の贈答だからやはり角瓶は高級品だったこともわかる。いまでこそ、あの亀甲模様の長四角のボトルは手頃な値段（ブラックニッカと合わせて二本で二千円のこともある）で大衆的であるが、戦後もひところまでは高級品だった。輸入自由化前のことで、昭和三十年代末期に遠洋航海から乗組員が持ち帰ったジョニ黒など、それまで国内では見たこともなかった。

旧海軍では戦争中、すでに「角瓶」とか「角」と読んでいたということを書いたが、脱線ついでにいえば、この俗称は消費者側の先取りかもしれない。海軍用語には慣習的に、省略したり、符牒的な言葉が多い。多くは自分たちでわかればいいという造語や造字もある。舟の右に内と書いて「内火艇」、米ヘンに林と書いて「ハヤシライス」などがその例である。隠語も沢山ある。RはRinbyoの頭文字、プラムは梅……（省略する）。

阿川弘之氏の『海軍こぼれ話』（光文社）の中に、陛下を「天ちゃん」と呼んだ某海軍中将の話があるが、「おてんちゃん」は略語や隠語とは違って海軍士官が気軽に口にすることがあったらしい。陸軍でそんなことを言おうものなら不敬罪モノだが、海軍はあまり気にしない。

高松宮も同期の兵学校五十二期は、普段は「宮様」でも、仲間うちでは「高松っちゃん」と言うこともあったらしく、海軍〝用語〟には自然発生的な親しみを表すものも多い。高松宮もすっかり海軍風で、ある軍艦で、下士官が敬礼したら「オッス！」と答礼されたと海軍兵の手記で読んだことがある。

回りくどいことを書いたが、「角」の俗称も海軍にルーツがあるということになれば海軍にとっても、海軍〝御用達〟だったサントリー㈱にとってもハッピーな話になる。サントリーとニッカはとくに戦争中、海軍と深い関係があったことは間違いない（ニッカについては後述する）。

私が「海軍主計科士官だった人たち」と、ときどき証言に引用している戦争末期の若い主計士官だった人たちは海軍経理学校第三十二期、三十三期（兵学校のクラスでいえば七十一期、七十二期に相当）で、戦争中は中尉で、その期の前の人たちとはかなり勤務経験に開きがあり、かえって感じたままのことを聞けるというメリットもあった。それでも実戦体験のある人が多く、三十三期は五十名中二十名が戦死している。

主計科士官というと華々しい戦闘こそないが、立場上、冷静に戦闘を見たり、生死の境を体験した人の話がいて、話にも実感がある。通常の任務が食料調達であったり資金のやりくりであったり、番頭のような雑事のなかにウィスキーの手配もあるが、重要な軍務であることには変わりない。艦船の主計長は、戦闘中は艦長の近くにいて戦闘記録をとる責任もある。三十二期、三十三期は年齢と経験から主計長一歩手前の庶務主任や軍需部勤務が多かったから立場を変えた物の見方もできたようで、私は海上自衛隊在職中、十数名の人から折りにふれて聞いたことは「生の声」として本書でもいくつか書くことにしている。

海軍のウィスキーの飲み方とは

酒には人それぞれの飲み方があり、その場、その時に応じて雰囲気に合った飲みようもあるので「海軍のウィスキーの飲み方」と言い方は適当でないかもしれないが、ビールや日本酒が宴会向きなのに対して、ウィスキーは一般的に一人か二人で飲むという飲み方だったようだ。ウィスキーのアルコール度数や醸し出す芳香からも本来そういう味わい方が向いていて、宴会でガブガブ飲むようなものではない。司令官や艦長が私室で静かに飲む――そういうイメージが合う。

明治期の日本陸軍がビールの飲み方までドイツ式にかぶれていたことは前に書いたが、海軍の場合、制度や作法、習慣までイギリス式を範としたとはいえ、ウィスキーの飲み方まで真似たという証拠はない。

だいたい、ウィスキーにはイギリス式飲み方というのがあるのかどうか……。日本で最近人気が再燃したハイボールなど「せっかくのウィスキーをなぜ炭酸水にしてしまうのか？」と疑問を持つイギリス人が多いらしいが、昔は日本でも海軍でもウィスキーはストレートで飲むことが多かった。氷が手近になかったからだと思う。今ではどこの家庭でも冷蔵庫があるので、ウィスキーには氷を使うものだと思っている人が多いようだ。うまいと思えばどんな飲み方でもいいのであって、私のような素人がとやかく言う資格はないが、ウィスキーの造り方をすこし詳しく勉強すれば、どういう飲み方がいいのか考えるようになる。

海上自衛隊でイギリス防衛駐在官をしていた先輩、同輩の数人に、イギリス人の一般的ウィスキーの飲み方を電話で聞いたら、「普通の飲み方だよ」という答えが多かった。「普通」とは、ストレート、オンザロック、水割りということだろう。もっとも、近年はストレートで飲む者は少なくなったようだ。なかに、出身地によるのか、「スコッチ以外は飲まない」イギリス人もいるらしい。

イギリスも正式国名は、「グレートブリテン及び北アイルランド連合王国」だから、複雑な国民意識の違いがある。どの国民も誇り高い。北アイルランド出身者にはアイリッシュにこだわりスコッチは飲まない者もいると聞いた。ワインの章で引用する私の同期生で、元イギリス駐在武官の寺下清道元海将は、「日本ではスコッチを珍重するが、イギリス人にとっては、ウィスキーは日本での昔の焼酎みたいなもので、ごく大衆的な飲み物なんだ」と言っている。

そのスコッチを凌駕するジャパニーズは素晴らしい。スコッチの専門家が日本のウィスキーを賛美するようになった（「ザ・スコッチ・モルト・ソサエティ」カイ・イバロ氏評・二〇一四年）から、やはりジェントルマン精神、フェアプレイ精神の国ではある。

海軍では、司令官、艦長室などプライベートな艦内区画にはかならず置いてあった。自分で買うのもあるが、だいたい戴《いただ》きもので私物に近い。ウィスキーは下士官兵も酒保で購入は

海軍兵学校の名物教授だった源内師匠こと平賀春二教授（1971年撮影）

できるが、個人ではビールや清酒に比べて購入しにくく、飲みにくいというところがある。日本酒なら、巡検後の「酒保開け」の号令でコップ酒にして居住区で仲間と飲むと一日の終わりという気分も出るが、ウィスキーでは時間がかかるし深酔いしかねない。

海軍とウィスキーのエピソードにはよく知られるものがいくつかある。尾ひれがついてどこまでが本当かわからないので、ここでは兵学校の名物教授だった、通称〝源内先生〟あるいは〝源ない師匠〟こと平賀春二教授の著作『元海軍教授の郷愁——源ない師匠講談十三席』（海上自衛新聞社昭和四十六年発行）から引用する。

平賀教授は、戦後は広島大学教授、比治山短期大学教授を経て広島大学名誉教授となる昭和海軍では知らない者はいない著名人である。兵学校での教育担当は英語だったが、昭和期（七年から終戦まで）の兵学校生徒に英語以外にも多大な影響をあたえ、戦後も海軍へのノスタルジーを持ちつづけた海軍文官として、この教授に勝る人はない。

兵学校では、昭和十五年以降、生徒の停泊練習艦として係留されている軍艦「平戸」の艦長予備室で寝泊まりしていたので通称「艦長」とも呼ばれたりしていた。

海上自衛隊時代になってからも部外講師として学校や部隊でよく招かれた。私も候補生学校時期とその後数回、源内名誉教授の講演を聞いた。ユーモアあふれる話の端々に海軍のよき伝統を感じた。ようするに根っからの海軍好き。海軍には多彩な人材がいた。

源内教授の「講談」から

原文は「源ない師匠講談」というだけに終始講談調で、張り扇でも手に持って「ポポン、ポン!」と調子をとって全文を紹介するのがよいが、かなり長くなるので筆者の責任で多少改作・縮小して雰囲気だけ伝えることにしたい。

『さて、このお話、西暦で申しますれば一九三七年、日本式では昭和の十二年のことでございます。日英同盟はワシントン会議の結果すでにこれより五、六年も前に廃棄せられておりますが、そこは明治三十五年来日英同盟の馴染みを重ねた間柄、当時の大日本帝国政府は昔日の友誼忘れ難く、重巡洋艦「足柄」を儀礼艦として英国はポーツマス軍港に派遣いたしましてございます。(ポポン、ポン)

この帝国海軍の虎の子軍艦は排水量一万トン、八インチ砲十門、速度三十三ノットと、攻撃力・防御力・運動力三拍子そろった、まさに世界第一級巡洋艦で、姉妹艦には、那智・妙高・羽黒・高雄・愛宕・摩耶・鳥海などがございます。

さて、この軍艦「足柄」、英国派遣の準備も整いまして横須賀港を出港いたしましたのが昭和十二年四月二十九日天長節の佳き日の○八○○《まるはちまるまる》、航路も順調に南下しシンガポールまで一直線、順風満帆とはこのことでございます。

シンガポールで四日間休息ののち、いよいよインド洋を西に次の寄港地英領アデンに向けての航行中のある日の昼下がりのことでございます。

艦長、ふと気づいたことがございます。艦長室の飾り棚に並べてある接待用の数本の洋酒のうちの一本の黒ラベルのジョニーウォーカーがなんとなく目減りしておるようでございます。

「妙なことがあればあるもの。シンガポール入港中に英国総督や日本総領事などの接待には使ったが、その後あの瓶には誰も手をつけてはいないはず。しかるに大分減っている。オレの思い過ごしかもしれないが念のために印をつけておこう」

こうして、艦長は鉛筆を用いて現在のボトルの中身のラインに目立たないくらいの横線を入れたのでございます。それも知恵を用いて、栓を固く締め直し、逆さまにしてウィスキーの現在ラインに印をし、再度ひっくり返して元の正常な置き方で飾り棚に置くという念の入れようでございました。これなら他人にはわかりません。

艦長室は私室とはいえ軍艦では公室でもあり、日中誰彼となく報告に来たり書類を届けに来たり致します。

夕方になって、艦長、飾り棚を見て思い出し、ボトルをアップサイドダウン――つまり逆さまにして、昨日書き込んだ鉛筆跡と実際の水線をくらべますと、やはり減っている！

「これは只事でない！　誰かがオレの留守に高級なスコッチを飲んでいる！　この部屋に出入りする士官は多いが、副長か――いや、あの堅ブツの副長が盗み飲みをするわけはない……アイツか、コイツか……そういえば軍医長はいつもアルコールの匂いがする。消毒用とは違うようだ。よし、懲らしめだ！　あの手でいこう！」

艦長はジョニ黒の中身を別の瓶にお移しになり、厠でしばし、ゴソゴソ……ウィスキーの代わりに自分の小水を元の目盛の付近まで注いだのでございます。当然のことながら、ボトルは元の位置へ戻して、「我ながら妙案なり」（ポポン、ポン）

一日おいた二日後の夜、艦長、〝ジョニ黒〟をアップサイドダウンして鉛筆線を見ると、

「ヤヤっ！　やっぱり飲んだヤツがいる！」

やはり少しだけ減っているではありませんか！

艦長、これには疑心暗鬼を通り越して、「よし、オレの留守中に誰が出入りしたか、従兵に聞いて確かめよう」

と決心し、ただちに従兵を呼びつけましてございます。

「いつもご苦労だな。お前はたしか福島の出身だと言ったな。くにの親御さん、兄弟たちは元気か？」

「ハイ、皆達者にしております」

などとの会話のあとに、艦長、すこしあらたまって、

「ところで従兵長……オレの留守中に出入りした者の中でこの飾り棚に近づいたり、酒瓶に触った者はいなかったか？」

海軍の従兵は多数の水兵の中からとくに人品の確かな者が選ばれ、正直者でなくてはなり

ません。一等水兵のこの従兵、ありのままに答えました。

「ハイ、艦長室はお留守の間に室内清掃をさせていただいております。お酒の瓶はわたくしがラスターで拭くときにすこし動かす以外は……あ、そうでした！　艦長には朝食と昼食のあとにいつも紅茶をお召し上がりになりますので、そこのジョニ黒を使わせていただき、紅茶に入れております」

艦長、これを聞くや、しばし絶句……。（ポン！）

艦長はご自分の小便入りウィスキーを召し上がっていたというわけでございます。帝国海軍「足柄」艦長武山群平海軍大佐は、いっときの間とはいえ勤務精励の正直者従兵を疑ったおのれを恥じましてございます。

「うたぐったオレが悪かった。許せ」

従兵に向かって深々と頭を垂れたというお話でございます。

これにて軍艦「足柄」ウィスキー事件の一席を終わらせていただきます（ポポン、ポン）』

ポポンポンを入れながら源内師匠の原文のまま読むと、ゆうに三十分以上かかるので勝手に短縮したが、時間がかかるというのは、この源内講談のあちこちに海軍の習慣やマナーがさりげなく織り込んであるからである。海軍の艦内生活、乗組員の躾《しつけ》教育などもさりげなく紹介されており、スコッチウィスキーを例にした当時の日英関係などもわかる。

「尾ひれ」が付いた話が多いと前記したが、じつはこれも尾ひれがついた話の一つのようである。源内師匠は「足柄」艦長の氏名まで上げているが、名簿で調べたかぎりでは「武山群平」という兵学校出身者は実在しないので仮名だろう。

艦長私物の高級ウィスキーを飲むヤツを懲《こ》らしめようと、自分の小便を入れておいたら、知らずに自分が飲んでいた——という、この話のルーツは大英帝国の帆船時代にあるらしいと源内先生も最後に断わっているとおり、海軍のユーモアと受け取ったほうがよい。

しかし、昭和十二年に英国皇帝ジョージ六世の戴冠式に参列のため日本政府が小林宗之介海軍少将を司令官とする重巡洋艦「足柄」をイギリスに派遣（四月三日に出港、七月八日に帰国）したのは事実であり、そのときの「足柄」艦長は武田盛治大佐（兵学校三十八期）で、シンガポール、アデン、スエズ、マルタ経由でポーツマスを訪問している。この年には本来の兵学校等卒業生（兵六十四期、機四十五期、経二十五期）の遠洋練習航海も二ヵ月後の六月から行なわれており、昭和海軍がもっとも安定し、充実した時期だった。

ニッカのふるさと余市と海軍・海上自衛隊

海軍とウィスキーと言えば、ふれておきたいのがニッカウヰスキー余市蒸留所と旧海軍の伝統を至るところで継承している戦後誕生した海上自衛隊とのかかわりである。

テレビで『マッサン』が人気番組になるまでは余市がどこにあるのか、知名度は低かった。

ニッカウヰスキー余市蒸留所

その点、海上自衛隊員の多くは昔から余市を知っている。余市には海上自衛隊の余市防備隊という基地があって、通常「余防」という。余市に勤務した隊員の多くが地元にはいい印象を持っている。私も若いころ、余市防備隊ができたとき（昭和四十六年七月十五日開隊）、北海道ならそこの補給科長という配置に就いてみたいと思ったくらいである。北海道には毛ガニ、ニシン、サケ、タラ、昆布……うまそうな海鮮もいっぱいある。

余市は小樽の西二十キロ、積丹半島東の付け根にあり、昔は北海道後志支庁に属し、ニシン漁で栄えた。その後の道政の変遷を経て平成五年からは余市郡余市町となった人口約二万弱の街である。

山崎蒸留所でブレンドされたサントリー（寿屋）の「角瓶」と旧海軍の〝御用達〟のことは前述した。サントリーで昭和の初め、初の国産ウィスキー「白札」の誕生に功績のあったマッサンこと竹鶴政孝は最初の契約どおり昭和九年（一九三四年）に寿屋を辞するが、それまでに蒸留された液体（ニューポット）が樽の中で熟成期間を経て、三年後の昭和十二年に「角瓶」が発売されているので、角瓶と縁の深い海軍はマッサンと会うことはなくとも商品を通じて繋がっていると思うことも出来る。

寿屋を辞したマッサンは、以前から夢を抱いていた北海道の余市に「大日本果汁」（のちのニッカウキスキー社）を設立し、昭和十五年には「ニッカ」ウィスキー第一号を発売した。この時期の海軍との関係は詳しくはわからない。主計士官だった人に、サントリーとの関係でニッカのことも聞いたら、「海軍のときはニッカもあったことは知っている」と言うくらいだった。瀬間喬氏も「国産ウィスキーと言えば、サントリーだった」と著書にある。不況期の昭和九年当時、まだ知名度のない発売したばかりの「ニッカ」は売れなかったらしい。それを海軍が大量に調達したというのは、たぶん寿屋（サントリー）との縁だったと思われる。

朝ドラ『マッサン』は竹鶴政孝夫婦をモデルにしたフィクションではあるが実話を織り交ぜ、時代背景も、海軍とウィスキーの関係もよく描かれている。売れずに在庫になった初産のウィスキーを海軍が全部買い取り、蒸留所が海軍指定になって倒産危機から免れる話もドラマ（第十九週）に入れてあった。

リタ夫人（ドラマではエリー）はスコットランドから連れてきたジェシー・ロベルタ・カウンという女性。リタの愛称を持つ夫人は、米英相手の戦争になると敵性外国人として特高警察の監視を受ける毎日を送る。その一方、戦争末期に余市の市街地が空襲から免れた理由の中にはリタ夫人がいたからだとも言われる。

朝雲新聞の記事（二〇一四年十月三十日）によれば、戦争が終わったとき、いち早く駐留米軍の将校がニッカの工場を訪れてリタ夫人の安否を確認したという。そのとき土産にもらったニッカ製のウィスキーが縁で米軍にもニッカファンが増えたともいう。

現在、米海軍（第七艦隊）もときおり小樽に寄港することがあるが、冬は札幌雪まつり見学とともに、余市防備隊訪問、ニッカ蒸留所研修の三点セットが近年の目玉のようである。第七艦隊（旗艦ブルーリッジ）が北海道沿岸海域を行動してくれることは何よりも心強い。二〇一四年には司令官のロバート・トーマス中将が二度も余市を訪れている。余防隊員も任務のかたわらウィスキーとスキーが楽しめる。これがほんとのWe ski.とダジャレも出そうである。

話が前後するが、余市に所在する海上自衛隊基地について由来を記す。

旧海軍時代には大湊に要港部（のち警備府）が置かれ、北海道全域の海上警備任務に当たっていた。小規模ながら小樽に海軍の部隊が誕生したのは終戦の年の五月で、束の間の「小樽警備隊」だったが、市民との繋がりのきっかけになった。

本格的な縁ができたのは海上自衛隊時代になってからである。

昭和三十年代中期のこと、戦後の冷戦が高まり、対ソ政策として北海道沿岸に魚雷艇基地建設構想が検討された。魚雷艇（Torpedo Boat）とは後年、ミサイルを装備するようになる約百トン程度の対艦高速艇で、小回りが利くから沿岸警備ばかりでなく、時速四十五ノット

（約八十キロ）の高速なので海難救助にも役立つ。ケネディ元大統領が海軍中尉で、ＰＴ１０９号艇長としてソロモン沖で駆逐艦天霧と戦ったタイプのフネが魚雷艇といえばわかりやすいだろうか。今も、各国海軍とも魚雷艇を持っている。

　魚雷艇基地構想が出ると小樽に近い余市町が町議会で基地誘致を議決した。昭和三十七年のことで、おそらくマッサンと戦争末期の小樽警備隊の縁を知る議員もあったのだろう。

現代の海上自衛隊魚雷艇（余市防備隊）

　ところが、北海道としては基地建設に反対だった。革新的な風土の強い北海道にしてみれば無理からぬことではあるが、国土防衛と旧海軍を知る良識のある町政と町民の理解があって余市漁港北端に魚雷艇基地が建設された。誘致議決から実現まで八年かかったが、その後、ミサイル艇二隻を常備する海上自衛隊最北辺基地の部隊として現在も重要な任務に就いている。昭和末期に余市防備隊司令を務めた私の親しい二人の先輩、堂脇樹氏、宮本静氏は口を揃《そろ》えて、思い出の多い勤務といえば、迷いなく余市だと言っていた。まず、町民感情がいいということだったが、We ski. も Whysky も入っていることは間違いない。堂脇氏とは舞鶴勤務でよくゴルフをやり、よく飲んだ。

「ヨボウ（余防）が日本の危機ヨボウに役立っていることはわかったが、それでウィスキーはどうなったの？」と質問されそ

シングルモルト「余市」。
つまみはソラマメが合う

うなので主題に戻る。

　ここでウィスキーの個人的な飲み方を書いてもあまり意味がないかもしれないが、ゆっくり味わうには、ストレートで、それもショットグラス（ウィスキーグラス）よりもブランデーグラスを使うのが香りも豊かになる。沢山は注がないで、ブランデーと同じく少しの量を注ぐ。グラスを少しゆすると芳香がただよう。飲むのではなく、二ccくらいを口にふくみ、息を吐く。するとその特性がよくわかる。つづいて同じものを、今度はオンザロックか水割りで味わうのもいい。二種類か三種類を近くに置いて同じことを繰り返す。アイリッシュ、バーボン、ジャパニーズとか、カナディアンやスコッチと入れ替えたりするのも愉しい。

　こう書くと、ずいぶん飲んでいるように思われそうであるが、全体の量はたいしたものではない。トータルを考えて〝たしなんで〟おり、己の肝臓の解毒力も大体わかっているので、限度を超えないようにしている。時間をかけるからあまり酔わない。あまりアルコールをたしなまない女性にはウィスキー紅茶がいいかもしれない。紅茶にわずかに垂《た》らして飲むウィスキーもブランドを換えるごとに一つ愉しみが増える。

　女性は男性ほどアルコールを飲まない。だから男性が理解できない。食事だけだと太りやすい。女性専用車はあっても女性専用酒がないのはなぜか……など、酒を飲みながらつまらぬことを考えたりする。

ニッカウヰスキーの創業者竹鶴政孝社長は、晩年でも一日にボトル一本を空けていたという。マッサンの出身地竹原市は私の所から車で五十分の広島市東部なので、確認の意味もあって二〇一五年七月に久しぶりに行ってみた。

二十年前に比べ最近は「マッサン効果」で休日は観光客が多いらしい。マッサンの生家「竹鶴酒造」も健在だった。一帯が町並み保存地区になっていて美しく、造り酒屋が今も多い。古くは頼山陽、戦後は元総理大臣池田勇人など著名な儒学者、政治家が出ている瀬戸内海の小都市でもある。日本酒の酒どころからウィスキー造りの先駆者が出たというのがおもしろい。竹原は呉に近い(四十キロ)。マッサンは知

竹原市・竹鶴酒造の清酒とマッサンの生家(町並み保存地区になっている)

ってか知らずか北海道の地で海軍との縁をつくった。もちろん、山崎での鳥井信治郎あっての話である。

【日本酒編】

日本海海戦直前の朝食は「菊正宗」付き

いきなり日本海海戦の場面から始める。

時は、言うまでもなく明治三十八年五月二十七日、場所は日本海対馬沖。日本ではこの戦闘を日本海海戦と名付けている。英語ではBattle of Tsushima、ロシア語もЦусимкое Сражение でどちらも「対馬沖海戦」である。そのうちこの呼称にも言いがかりをつけてくる国があるかもしれないが、放っとけばいい。

日本の命運を賭けたロシア・バルチック艦隊との日本海海戦の模様はここで書くまでもなく、膨大な数にわたる書や資料があり、とくに司馬遼太郎の長編小説『坂の上の雲』のヤマ場でもあるので、私など出る幕ではないが、戦闘を交える前に双方の艦隊が飲んだ酒について書いておくのは「海軍と酒」として扱えるかな、という気持ちから書いておくことにした。

我が帝国海軍聯合艦隊のその日の朝食は、各艦とも尾頭付きの鯛の塩焼きをはじめとする、普通の朝食にはない品数の山海の珍味に、宮中から届けられた清酒が添えられた。明治天皇御下賜の清酒は「菊正宗」だったと伝えられる。（注：菊正宗だとすれば、東灘区の菊正宗酒造㈱にルーツがあると思われる。当時の銘柄登録には登録商標に不確かな点もあり、「正宗」という銘柄はほかにもあったというが、「菊」を冠したものはほかにないようだ。現在の菊正宗酒造は歴史も古く一六〇〇年代後半〈万治二年〉の創業で、昔から銘酒の評が高かった）

この場合、銘柄からもやはり「菊」はふさわしい。近年では岩国・旭酒造の「獺祭《だっさい》（獺はカワウソのこと）」など高級な吟醸酒もあって、安倍晋三首相の訪米（二〇一五年五月）ではオバマ大統領が長州出身の安倍首相にヨイショして歓迎晩餐会に取り寄せたりしているが、日本海海戦では「獺祭」よりロイヤルマークがふさわしい。旭酒造の社歴は二〇〇〇年に及ぶが、「獺祭」の誕生（東京進出）は平成二年だから、もともと日本海海戦には使えない。余分なことまで書いた。獺祭を一度もらったことがある。味はよく覚えていない。

バルチック艦隊の位置がわかっていたので、この日の朝食はいつもよりも遅く、その前に戦闘準備をし、可燃物や余分の石炭を海へ捨てたり、制服に着替えたり（この時期は戦闘服やヘルメットはまだない）あわただしい作業があり、艦によって食事時間にも差があった。

戦艦「朝日」の場合は朝食が十時半で、献立からも、むしろ早めの昼食（本来の昼食用に、遅れて握り飯、煮〆、お茶が準備された）といったところだった。鯛の尾頭付きの戦勝祈願の食事だからご飯は赤飯だったとも考えられるが、確認できない。このときばかりは麦飯ではなかったことは、その後の昭和の戦争の献立記録からも推察できる。真珠湾攻撃のときも

佐世保を出港し、鎮海へ向かう聯合艦隊

全部隊とも白米飯だった。日本人にとってハレの日はまず白米飯である。

巡洋艦「日進」では、「酒保開ケ。本日伝票ノ授受必要ナシ。飲食勝手差シ支ヘナシ。但シ酒類ハ対象トセス」というこれまでにない号令が下った。ちゃんと釘を刺すところは刺してあるが、聞いた兵員一同の意気が揚がったことは間違いない。

ウィスキーのところで「精霊が宿る飲みもの」とも書いたが、そういう意味では、日本酒ほど神事にふさわしい飲みものはないと思うのは日本人だからだろうか。御神酒《おみき》というときは、焼酎や泡盛ではなく日本酒（清酒）が定番である（鹿児島や沖縄の御神酒は違いがあるかもしれない）。西洋にはお神酒に相当するような宗教的儀式はないようで、葡萄酒はイエス・キリストの血になぞった液体として、イエスにあやかるという意味はあるが、御神酒のように、神へ捧げたものを戴《いただ》き、神に宿る力にあやかるという考え方は日本独特の民俗学だと思う。その主旨からも御神酒には昔から純米酒が使われる。

艦隊決戦を前にしたこのときの聯合艦隊側の食事を挟んだエピソードは多いが、ここでは「日本酒」がテーマなので割愛する。戦闘を二時間後に控《ひか》えた下士官兵たちの行動など、いくらでも書きたいことはあるが、一つだけ紹介すると、明治の日本人はよほど肝っ玉が据わっていたのか、十二時になっても、甲板でゴロリと寝転んだり、小説を読んでいる水兵もいた（軍医長立花保太郎軍医少将の従軍日記）というから、度胸がある。立花軍医長のほうがよほど落ち着けず、前夜は一睡もできなかったので休んでおこうと思うが、体を横にすることができなかったと正直な記述もある。

有名な「皇国の興廃此の一戦にあり……」のZ旗が旗艦「三笠」に揚がるのが午後一時五十五分。十五分後には東郷司令長官の右手が大きく左に振られ、のちによく知られるT字戦法に移る「取り舵一杯」が令された。

バルチック艦隊側の戦闘前の酒についても書いておかなければいけない。

相対するロシア帝国太平洋第二艦隊（通称バルチック艦隊）は午前九時ごろから各艦乗組員は制服に着替え、ロシア正教のしきたりに従ってお祈りが始まった。戦艦「アリヨール」では艦内礼拝堂の前でものものしい法衣を着けた祭司パイシイ神父が長々と祈禱を唱え始めた。このへんの情景は「アリヨール」の元主計兵だったノブコフ・プリボイ（のち作家）が著書『ツシマ』で詳しく書いている。

どうでもいいような長い祈禱にうんざりしたうえ、たまたまニコライ二世の即位記念の大祭日だったため聞きたくもない祝辞まで聞かされ、水兵たちはてんでに悪口を言い合って朝食の食卓に向かった。バルト海のリバウ軍港を出てから八ヵ月以上、乗組員は毎日の粗末なメシに不平タラタラ。そういう中での「戦闘用意」だったが、このときばかりはシャンパンが抜かれ、ラム酒がふるまわれた。ロシア水兵たちはそれまでシャンパンなど滅多なことではありつけない。ラム酒のグラスを手に、「ウラー！」と歓声が上がったというが、この歓声、本来は戦闘を直前にした鬨《とき》の声であるはずであるが、ノビコフが記すところでは、「鬨の声というよりも、初めから兵たちにはわかっていた負け戦への自暴自棄と、自嘲、そしてやけくそが混合したものだった」となっている。

露国戦艦アリヨール。日本海海戦で捕獲され日本海軍の「石見」になった

　全艦シャンパンまで出たものではなかったようで、巡洋艦「ナヒモフ」では上甲板にラム酒の樽が置かれて、水兵たちはそれぞれ金属のコップを持参して分配を受けた。長い行列をつくって分配を待つ写真が残っている。午前十一時に近い時間と記載されている。

　日本酒と海軍の関わりを書く前置きが長くなったが、日本海海戦では、同じ戦勝祈願でも、日本酒とラム酒の違いを言いたくて多少横道に逸《そ》れた。これからが海軍と日本酒の本スジになる。

日本酒は信仰の対象として発展した

当たり前のことだが、日本ではアルコール飲料の中でも日本酒が歴史的にも断然古い。とは言いながら、現在の日本酒と二百年前までの日本酒は形態も味覚もかなり違う。もともとドブロクは濁酒とも書くとおり、蒸した米に麹菌をまぶして発酵させ、米の澱粉がアミラーゼを経てブドウ糖化し、その糖分がアルコールに変化したものを絞って飲むというのが濁酒で、これをさらに絞って液体を澄ませたものが清酒であるから、近代に日本酒と呼ばれるようになったのは一般的に清酒をさす。

日本酒の造り方をここで詳しく書いてもあまり意味はないかもしれないが、日本酒には日本民族独特の信仰や風習があるので少し日本酒の成り立ちにふれてから海軍との関係に進みたい。前述したように、日本海海戦直前の戦勝祈願の飲みもの——この場合は、乗組員の士気鼓舞目的が強い——が日本酒（「菊正宗」）だったことは日本民族の信仰と風習からも納得できるが、なぜ、日本酒は信仰の対象になるのだろうか。

日本の国土や気候が米の栽培に適していること、伝来した品種の基本が、いわゆるジャポニカ米だったことが日本人の米作りを発展させる元となったが、その米からアルコール飲料を造るようになったのも自然の成り行きだった。日本酒の発酵や醸造には、年間気温から管理が難しい一部の地域を除いて、昔から広い範囲で造られてきた。原料とする米と、杜氏《とうじ》を

江戸時代の伊勢参りの賑わい

代表とする専門家の研鑽が実って銘酒があちこちで誕生してきた。進歩向上には「もっとうまい酒を飲みたい」という願望もさることながら、日本人特有の研究心と気概があったからではないだろうか。気概の元を作ったのが信仰心だと私は思う。

　伊勢神宮の外宮を祀る神はトヨウケオオミカミ（豊受大御神）といって米を主とする穀物、食糧生産の神である。伊勢神宮に一度や二度参拝したくらいでは日本人との長い関わり――いわゆる伊勢信仰の意味するところは理解できないが、年齢に合わせて三年か五年に一度くらい「お伊勢さん参り」をしていると次第に日本人と米の関係がわかってくる気がする。

　私はまだ七回しかお参りしていないので、あと三回は行っておきたいと米作りをしながら考える。昔――とくに江戸時代は、一生に一度でもという庶民の願望や、行けないから代わりにだれかに行ってもらうという「伊勢講」もあったくらいだから、それを考えると今の時代はありがたいと思わないといけない。

　近年の伊勢参りでは、私は外宮もかならずお参りしている。自分で米を作るようになってからは、外宮で、「おかげで米がうまい具合にできました」とか「今年もうまくいきますように」と祈っておく。それから内宮へ行く。米は食べるだけの食糧ではなく、さらに次元が違うものがあるのではないか、そうでなければ天皇がみずから田植えをしたり、新嘗祭《にいなめさい》でお供えをしたりはしない。伊勢信仰はそもそもが作物への感謝と祈りから始まった。それだけ日本人は古代から米とのかかわりが深いので、米を原料とする日本酒は特別な酒でもある。

日本酒と海軍の関係

しかし、日本海軍が米と日本酒との関係を知っていて、日本酒を特別な扱いをしたという証拠はない。ようするに、日本人として手っ取り早いアルコール飲料の代表だったから日本酒をよく飲んだ、というくらいだろうが、海軍でよく飲まれることは品質向上や保存、流通方法の開発に貢献することとなった。

現在は販売される飲食物で消費されるまで日にちが長いものには何らかの保存料や防腐剤が使われたり微生物の活動を抑える理科学的処置がとられるのが普通であるが、それまではアルコール飲料の日本酒でも腐敗や変敗が起こるのは普通だった。十七世紀後半にルイ・パスツールやロベルト・コッホによって細菌学が発展し、食品保存が向上したことは本書のビールの項でもふれたとおりである。

呉市には海軍と縁が深く、昔から名の通った造り酒屋がある。正式社名は株式会社三宅本店であるが、「千福酒造」あるいは「千福醸造元」と言ったほうが早い。

どこが海軍と縁が深いかを簡単に記すと、明治後期に遡《さかのぼ》る。三宅本店の創業は安政三年。幕末の本格的騒乱が起こるにはまだ少し間のある時期ではあるが、この前年に幕府は長崎に海軍伝習所を開設、その前年の安政元年にはペリーが再び来日して日米修好通商条約を締結したりしているから海軍の素地も育ちつつあった。

よく知られる咸臨丸の渡米は安政七年（万延元年）の一月だった。私は海軍料理研究者としてしばしば咸臨丸が渡米したときの食料についても調べてきたが、「そういえば、酒については調べていなかったなあ」と気が付き、資料を見なおしてみた。勝海舟が編纂したという『海軍歴史』という史料でしか浦賀出港時に搭載した糧食品目はわからない。

それによると、米が一人一日五合の換算で百五十日分積んでいる。この「一日五合」が明治維新で陸海軍の兵食の基準になり、さらに増やして六合を支給することにした。味噌や醤油は当然積んでいるが、酒（清酒）らしきものに「焼酒」というのがある。

これは「ヤケザケ」と読むのではなく、「焼酎」の誤字と思われる。韓国古来の焼酎＝ソジュは漢字では「焼酒」と書くが、これではないと思われる。ようするに、咸臨丸の渡航では、日本酒のような醸造酒は日持ちしないとわかっていたので最初から積まなかったのだろう。

咸臨丸が幕府海軍のすべてではないが、さらに幕末になると幕府軍艦では水夫・火夫への米・味噌・醤油の支給に加えて「酒」の支給も考えていたことが『海軍衛生史』という明治時代の資料でわかった。

軍艦奉行が幕府方へ、乗組員にも酒を支給していただきたいという上申書で、慶応元年二月の日付になっている。連名で上申した軍艦奉行二人のうちの一人は「木村摂津守」となっている。木村摂津守なら、咸臨丸が渡米したとき福沢諭吉が、みずから申し出て従者として仕えた軍艦奉行なので乗組員の福利厚生にも関心があったのだろう。侍社会の幕府時代も下級兵に対する施策は大事な人事管理だった。上申書の最後に、備考として文久元年十一月に上申によって定められた「御軍艦付水夫等へ被下候酒之儀ニ付申上候書ではこうなっています」と添付書類まで付けている。

さらに追加文として、「航海中は暑かったり寒かったり、とくに罐焚き仕事など百度（?）に近い高温でぶっ倒れる（倒絶イタシ候義有リ……と書いてある）者もあるかと思えば、寒いときは手足が凍って動けません。養生のためには酒盃数（酒の量）を定めて頂きたい。どうかよろしくご検討のほどをお願い申し上げます」という嘆願にも似た上申書である。

軍艦奉行の上申書がどのように受理されたのか、その回答がないまま幕府は倒産し、維新政府が出来たということのようである。

しかし、「幕府時代の米一人一日五合が明治陸海軍の有力な資料になった」と前述したように、酒（日本酒）についても幕府時代の制度が大いに活用されたことは間違いない。

明治に移って本格的な海軍が創設されると訓練のために遠洋航海も必要になった。遠洋航海は早くも明治五年に始まった。行く先もしだいに遠くなり、とくにヨーロッパの先進国海軍や文化に接することが海軍を充実させるうえで大切になった。その記録を見るだけで日本海軍の進歩の速さがわかる。幕府時代に海軍伝習所ができてから十数年後には、教育者を育て上げ、練習生を教育し、毎年遠洋航海で実力を高めるようになったのだから幕府海軍も、明治海軍も立派だと思う。

明治十一年の遠洋航海はまさに世界一周で、主な寄港地を見ただけでも驚く。香港、シンガポール、コロンボ、スエズ、ナポリ、マルセイユ、バルセロナ、リスボン、イスタンブール、アデン、ポンペイ、マニラ……ざっと抜き書きしただけでも延べ四十ヵ国に及ぶ。しかも、練習艦は横須賀造船所で建造された国産第一号軍艦「清輝」（八百九十七トン）である。「清輝」が「清酒」を積んだかどうかを確かめる資料はないが、ほぼ間違いなく初めのころは積んだと思う。そして、赤道近くを通過するころには、間違いなくヘンな味になり、酸っぱくなったり、白カビが生えたりした。見たわけではないが、甘酒を常温で放っておくと数日で化学的変化が起きてくる。たいていはアルコールが酢酸菌によってC_2H_5OHからCH_3COOHに変化したというだけであるが、味のほうは大変化、とても飲めたものではない。純粋な酢酸だけであれば上質な米酢になるが、それでも簡単にできるものではない。

海軍は日本酒を積んで遠洋航海に出るが、帰国してすぐに酒造元にクレームをつけたのではないだろうか。それがいつごろからのことか、どこの酒造元に注文をつけたのかは資料もないが、ある酒造元がその対策に動き出したのは明治二十年代になってからではないかと私は想像している。

海軍が調達に便利な日本酒の造り酒屋や販売業者はやはり海に近いところがいい。物流の関係からも東京がまず考えられ、海軍省や兵学校、軍需部があった築地を始め日本酒調達地として関東一円が考えられるが、東京には直接相談できる造り酒屋はあまりない。

そうこうするうちに兵学校は江田島に移り（明治二十一年）、翌年には呉に鎮守府が開庁され、呉は一大海軍の街となった。

昔から広島は酒どころで、賀茂鶴酒造を例にとれば、創業は元和九年（一六二三年）。元和元年と言えば関ヶ原合戦から十五年、徳川時代が盤石になり始めた時期で、そのころの創業だから歴史もあり、賀茂鶴（加茂鶴）は昔から銘酒として知られていた。海軍士官の間でもよく飲まれていた。賀茂鶴酒造は呉の北方、山越えの賀茂台地（現在は東広島市）にあって呉軍港から遠い。入手が千福に比べて難しいところもあって、下士官兵の日本酒といえばほとんど千福だったと主計科の下士官だった人から聞いた。

先年、ほかにも調べたいことがあって賀茂鶴酒造、白牡丹酒造など東広島の酒造元を訪ねたが、展示資料などを見たかぎりでは日本海軍との関係資料は発見できなかった。

しかし、賀茂鶴のある広島県加茂郡西条町は宿場町で、旧浅野藩時代からの「御用達」だったこと、山陽本線の開通で東西への流通の便ができたこと、水の良さもあって伏見や灘に匹敵する高級酒が製造されていたこと、さらに昭和時代になって（満州事変前後）、社長に就任した佐々木英夫という人は前社長木村静彦の血筋ではあるが、学者としても著名な人物で、その前は内務省官僚を経て海軍大学教授や海軍省参事官もしていたこと、もともと出身が呉であること……これだけのデータが揃えば海軍との関係も無縁ではないはず、何と言っても銘酒でもある。佐々木社長時代になって海軍との縁も深くなったのではないかと想像する。

千福酒造の長期保存研究が実る

その点、千福は呉の地元であり、前述したように海軍との縁は深い。港の北、わずか二キロの町中、呉市内の料亭も地酒の代表として士官から下士官までの海軍の客に飲んでもらうのでPR効果は大きい。緊密な関係も出来たから酒造として品質維持に真剣になるのは当然だった。そのころ（明治）の清酒は品質管理が難しかった。

「日本人と日本酒は切っても切れない。しかるに、南シナ海やインド洋を航海していると積んだ酒が日数を経ずして変敗する。西洋に日本酒の旨さを紹介しようともしているのに、あれではどうにもならない。腐るような酒では具合が悪い。ただちに改善に努めてもらいたい」

昔の海軍は言い方も遠慮がない。缶ビールのところで紹介した、昭和四十八年ごろの海上自衛隊横須賀補給所との取り引きに誠意を尽くしてくれた地元の堀口商店の社長が、契約品の規格のことで厳しいかなと思われるものでも、「昔はこんなものじゃなかったですよ」と

笑っていたが、たぶん、日本酒に対する品質管理も同じような要求だったのだろう。改善の成果を海軍
千福酒造の取り組みを少し筆者のフィクションを交えて記してみたい。
がお墨付きを出しているのは真実（写真）である。

千福酒造では、「赤道無事通過」を合言葉に品質が変わらない日本酒製造に社を挙げて取り組んだ。明治五年に始まった海軍の遠洋航海で、なかった年は明治七年、九年、十年と三十八年（日露戦争）だけで、その後は昭和十五年まで連綿と行なわれ（実際には、戦争中でも一度あった）、外交的行事等のため一年に二回以上行なわれた年もある。

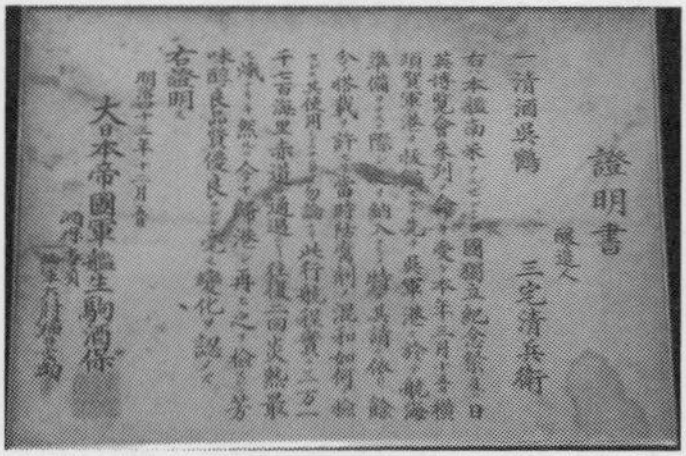
千福の品質保証書。呉三宅本店所蔵

千福酒造の努力は実った。その成果は早くも明治末期には発揮された。写真は海軍が発行した証明書で、現在の三宅本店の三宅清兵衛社長に贈られたもの（現在、同社の資料館・酒工房「せせらぎ」に収蔵）である。銘柄「千福」は時期によってネーミングを変え、古くは「呉鶴」だったが、昭和期には時代を反映して「国防」とか「海友」など種々のレッテルでも売り出したこともある。証明書（證明書）の文言やその背景が面白いので全文どおり記載する。

證明書

一　清酒呉鶴　　醸造人　三宅清兵衛

右ハ本艦南米アルゼンチン國独立紀年祭及ビ日英博覧会参列ノ

命ヲ受ケ本年三月十五日横須賀軍港ヲ抜錨スルニ先（立）チ呉軍港ニ於テ航海準備ヲナスニ際シ之ヲ納入シセメ特ニ其請ニ依リ余分ノ搭載ヲ許セリ当時防腐剤ノ混和如何ヲ検セシニ其使用シアラザルコト勿論ナリ此行航程実ニ三万一千七百海里赤道ヲ通過スルコト往復二回炎熱最モ熾ナリキ然ルニ今ヤ帰港シ再ビ之ヲ検スルニ芳味醇良品質優良ニシテ些モ変化ヲ認メズ

右證明ス

明治四十三年十二月五日

大日本国帝国軍艦生駒酒保

酒保委員

海軍大尉　福井愛助

証明書の発行者は「生駒」副長で、福井愛助という士官を兵学校卒業生名簿で見ると三十二期（明治三十四年十二月十六日入校、三十七年十一月十四日卒業、一九二名）であることがわかった。三十二期といえば、同期には山本五十六（名簿では高野五十六）、堀悌吉、島田繁太郎、吉田善吾、ほか錚錚《そうそう》たる人物がいる。

明治四十三年の遠洋航海は二回あった。先に行なわれたのは兵学校三十七期卒業生（百七十九名＝著名なところでは、井上成美、小沢治三郎、大川内伝七、草鹿任一）が「阿蘇」（巡洋艦でロシアからの捕獲艦）に乗艦した二月から七月までのオーストラリア方面だった。

装甲巡洋艦「生駒」による航海は一ヵ月遅れて三月出国、十月帰国で、たしかに寄港先は証明書の文面どおりで、アルゼンチンの独立記念行事には欧米合わせて十二各国以上が参列した記録があるから、友好行事として艦上昼食会や土産品として日本酒も大いに使われたことだろう。その大事な飲み物の清酒が「芳醇良ク品質優良ニシテイササカモ変化ヲ認メズ」というのだから三宅清兵衛初代社長（三宅本店社長は代々「清兵衛」を名乗っている）以下、関係者はどんなに喜んだことだろう。

ホノルルに入港する練習艦隊（明治42年度）・「宗谷」と「阿蘇」（後方）

　このときの日本酒の収納方法、梱包形態はよくわからない。樽詰や壜詰で、壜詰は一升瓶だと想像する。酒保では下士官兵が樽からの量り売りで購入している写真もある。

　大正九年に軍艦「浅間」が南アジア、南米方面へ遠洋航海したときにも、赤道直下を六回通過しても千福（呉鶴）は異常がなかったという証明書（大正十年四月十四日発行）も三宅本店に保存されている。防腐剤を使わないで清酒を保存する千福の研究開発は、海軍がきっかけで日本酒の品質向上全般に貢献したことになる。「酒工房せせらぎ」には日本海軍が艦艇の就役記念や祝日行事に合わせて拵《こしら》えた種々の絵柄の杯や徳

酒保で清酒・千福を購入する水兵（三宅本店所蔵）

利などが陳列ケースに展示されてもいて、古い写真とともに旧海軍の一面を語っている。

呉以外では、神戸周辺に好みで選べる清酒の種類が多い。古くは、灘の五郷と言われ、日本酒の生産が今津郷、西宮郷、魚崎郷、御影郷、西郷の五つに分かれていたらしい。日本海海戦直前の朝食に付けられたという菊正宗の酒造元は現在の御影町で、東灘区にある。同じ御影町の剣菱酒造は創業が一五〇五年というから五百年以上の歴史がある。

五郷も、現在は西宮市今津町というふうに地区整理がされているが、海上輸送に便利な神戸は酒の積出しにも都合がよかった。何よりも六甲山系の水が酒造りに適している。男酒と言って伏見の甘口（女酒）によく比較された。海軍は男酒でも女酒でも、何でもよく、うまくて、調達に便のある酒なら大いに歓迎された。

灘の酒といえば、海上自衛隊時代になって今津の大関酒造の「大関」が毎年遠洋航海用に使われていた時期がある。昭和三十年代の遠洋航海で、ある訪問国の日系人会から、「大関がなつかしい。ぜひ大関を」という要望があったとか、なかったとかで、そのとき大関酒造もこれを聞いて大いに喜び、当時の阪神基地隊司令を通じて調達の便を取ったという話がある。そのときの阪神基地隊司令が元海軍主計中佐の瀬間喬海将補で、海軍時代は「大関」との関係には格別なものはなかったが、海上自衛隊時代になって縁を深くしたと同氏から聞いた。

大関酒造は創業（一七一一年）こそ江戸中期であるが、灘の銘酒としてよく知られていたようで、海外へ飛躍した日本人には横綱一歩手前の「大関」のネーミングに将来があるという縁起も担いでいたようだ。この話、私が幹部候補生学校を卒業して南米遠洋航海に参加した昭和四十年にサンパウロで知り合った熊本出身の人（鳥飼タケシ氏）から聞いたもので、そのときも接待用の日本酒は「大関」だった。日系人には日本酒の銘柄が懐かしく思われるようであるが、初訪問国や日本をあまり知らない国へ行くと、一升瓶が珍しいらしい。ヴェネゼラでのこと、一升瓶の空き瓶を譲ってほしいという現地人もいた。補給長が快諾して渡した空瓶を嬉しそうに抱きかかえて帰っていった。

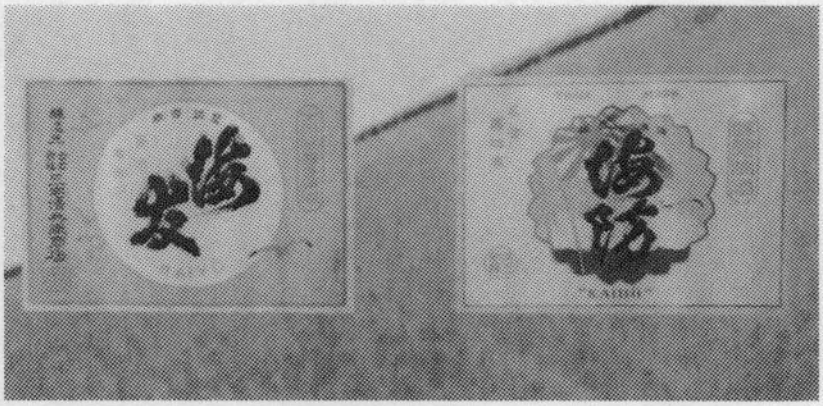

昭和期には国威高揚の銘柄も造られた（千福酒造）

「日本酒」といえば、戦争中の「別れの盃」のことにもふれなければいけないが、それはあらためてページを割き、「水盃とは」というテーマで気持ちを正して記すことにしたい。

日本酒の余話になるが、池波正太郎氏（大正十二年生まれ）の小説や随筆に登場する〝酒〟というのは、小説もほとんど時代小説だから日本酒だろう。こんな調子だ。「梅安は雉子の宮の我家の寝間で、茶わん酒をのんでいた」(『おんなごろし』)と、〝ひと仕事〟終えたあとの酒は焼酎や味酬ではなさそうだ。

随筆でも、京都で利久弁当を食べ、「これで酒の二本も飲めば満腹してしまうが、今日はまず鯛の刺身と野菜の胡麻和えを注文し、酒三本を飲みながら……」(『食卓の情景』)とか、伊賀上野の取材で風間完画伯とつつく伊賀牛のすきやきの風景など、書いてなくても飲み物は日本酒であることがわかる。池波氏の作品に出てくる酒はどれもいかにもうまそうである。日本酒はそういう飲み方をしたいものだと憧れたりする。

ついでにいうと、伊賀上野には「伊賀越《いがごえ》」(伊賀泉酒造)といういい酒がある。私の親しい海上自衛隊の先輩が伊賀上野にいて、以前、組み紐製造をしているその先輩の実家で接待を受け、銘酒「伊賀越」で伊賀牛すきやきをたいそうご馳走になったことがある。肉の旨さもさることながら、「伊賀越」のさらりとした味わいがなんとも伊賀牛と合い、あまりの美味しさに一升瓶がすぐに空になったことがある。清流の水がそのまま酒になったというか、スイスイと喉に入りながら間違いなく日本酒で、養老の滝とはこんなものか、と勝手に想像力の広まる清酒だった。伊賀越えというよりも「咽喉越え」。しかも、あれだけ飲んだのに、一晩明けると気分も爽やか。いい酒に出合った。地方へ行くと地酒に合う料理、あるいは料理に合う地酒というのがあるが、これほど両者が合致した飲みものと食べものは伊賀上野をおいてほかにないという思い出がある。

ついでにいうと、伊賀上野市内には「伊賀越」のブランド品には古くからの伊勢街道や天正十年の本能寺の変での徳川家康の脱出行や寛永十四年の荒木又右衛門の助太刀譚にあやかった同じネーミングが清酒のほかに醤油や味噌、漬物、佃煮にもあるので、「酒」の「伊賀越」と言ったほうが間違わない。

「海軍と酒」というテーマに大作家を引き合いに出したのは、池波正太郎氏は戦争中海軍にいたからで、通信の下士官として、戦争末期には横浜の八〇一航空隊から終戦の夏に山陰の米子航空基地へ移り、本部の電話室長をやっていたという。浅草の下町育ちで、もともと少年時代から舌の肥えた池波氏も海軍に従事中の食べ物には不自由があったらしく、胡瓜《きゆうり》の塩もみなどがじつにうまかったという一文もある。不自由さが、逆に旨い料理の食べ方や酒の飲み方が作品にも反映されているのではないかと勝手に想像している。

この作家のエッセイには実生活での、「散歩の途中、蕎麦で銚子二本」などとよく出てくる。浅草の並木藪蕎麦などで飲む情景を読むとほんとにうまそうに思える。

梅安や長谷川平蔵と海軍……結びつけるのはヘンだが、戦前は海軍にいて、しかも海軍に格別な嫌な思い出のない著名人なら何でも「海軍」と結びつけておきたくなる。海軍にはそういう人が多い。

蕎麦と日本酒は意外といい取り合わせなのかもしれない。私は東京へ行くと、ときどき泉岳寺の近くの「やぶそば」で、ざるで一本飲んでから境内に入る。店には討入り前日の大高源吾と宝井其角の両国橋でのあの句の一部を彫った板などがさりげなく壁に掛けてあって、知る者は知るという蕎麦屋で、蕎麦と清酒が四十七士に結び付けてくれる。「あした待たれるその宝船」……自分にも何かいいことがありそうにも思ったりする。

【ワイン編】

潜水艦探知にワインが必要だった

NHK連続テレビ小説＝通称「朝ドラ」の『マッサン』は主としてウィスキー造りの話であるが、マッサン（亀山政春＝竹鶴政孝のモデル）が余市へ進出してから「大日本北海道果汁」という果汁製造所から出発する話が織り込まれている。果汁製造は本当の話で、リンゴジュースから始まった果汁はアップルワインに変わって商品となった。あまり売れないというのも事実だったようだ。

普段、朝からテレビなど観ないのに、たまたま『マッサン』で、海軍士官が来て、「酒石酸が必要だからワインを製造してもらいたい」と要請する場面を観た。ワインづくりには関心のないマッサンは戸惑うが、応ずることになる。

酒石酸というのは果汁やワインにふくまれる強い酸味の有機化合物で、私は高校生のとき、ときどきクエン酸や酒石酸の結晶を学校から少しもらってきてサイダーやラムネを作っていたので酸っぱい味をよく知っている。酒石酸はクエン酸よりも穏やかな酸味がある。

ワイン貯蔵中に沈澱して結晶化するこの酒石酸はワイン本体の保存上有効なものらしい。

第二次大戦中のドイツの開発で、この酒石酸を採り出し、カリウムやナトリウムと化合させたロッシェル塩（酒石酸カリウムナトリウム）が、海中での音波振動を電気信号に変換する圧電素子として効果があることがわかった。つまり、海軍は、潜水艦のソーナー開発にワインが必要だったわけである。もちろん、テーブルマナーにうるさい海軍のこと、西洋料理や饗応にワイン、シャンパン、ブランデーは欠かせない。ただ、ワインには日本酒やウィスキーほど銘柄や産地にこだわらなかった。日本海軍の食べもの、飲みものに詳しかった瀬間喬元主計中佐にもワインについては聞き損ねた。

本当のことを言うと、ワインは種類が多く、日本人にはよくわからないところが多いからだと思う。原産地もフランス、イタリア、スペイン、ドイツ、アメリカ、カナダ、オーストラリア、南アフリカ……国もさまざま。もちろん日本産も。赤に白にロゼ、スパークリング。甘口、やや甘口、中間、やや辛口、辛口……それも十段階くらいあるらしい。値段になるとますます千差万別。ワインほど値段に高低差のある酒はない。ワイン通なら、ブルゴーニュのロマネ・コンティとジョルジュ・デュブック・ボージョレの違いがわかるのだろうが、素人はそれがわかったところでどう感激していいのかわからない。

ちなみに、ロマネ・コンティというのはブルゴーニュの最高級ワインだそうで、一本百万円というのもあるそうだ。ジョルジュ・デュブッフ・ボージョレというのは、同じブルゴーニュ産でも格安（一本五百八十円～六百二十円）で人気のある赤ワインで庶民向き。調べたら通販でも買えるようだ。

もう少し酒石酸の話をつづける。

戦時体制になり、軍政下で看板が「ワイン工場」では具合が悪いと、軍需物資を製造する「酒石酸採取工場」になり、ワインのほうが副産物になった。陸軍でもほぼ時を同じくして酒石酸を脱塩剤にした通信機器開発のため山梨のワイン工場に同じような要求をしていて、窮迫した国民生活なのにワイン製造を奨励するようなことになった。酒石酸を完全に抜いてしまうと「副産物」のワインは不味《まず》いものになるらしい。甘みを付けて調整して販売したものは不評だったという。

ロッシェル塩に音波振動を感知する特性があることは十五世紀の終わりごろにはわかっていたようで、「ロッシェル」も薬学者ピエール・セニエットがいたフランス西部の都市ラ・ロシェルに由来するらしい。利用方法の開発が遅れただけで、昔は鉱石ラジオやクリスタルイヤホンにも使われていたが、水に溶けやすく湿気に弱いため同じ圧電素子としてチタン酸バリウムなどに替わり、現在はあまり使われることはないという。

海軍とワインの関係をいきなり酒石酸から始めたが、テレビの『マッサン』で、そういう海軍との縁もあったことを言いたくて先に書くことになった。

日本海軍はワインへのこだわりはなかった？

この中から自分の口に合うワインを選ぶのは苦労する。値段もピンからキリまで

さて、海軍とワイン……。構えてはみたものの……海軍とワインの関係は薄いのではないかという先入観があって、筆が進みにくい。

あれだけフランス料理を採り入れ、海軍グルメと言われるような西洋料理の高いレベルに達した日本海軍のことだからワインにもさぞうるさかったのだろうとかなり時間をかけて調べてみた。調べながら思い当たることもあった。「そういえば、海軍主計科の士官や下士官だった人からウィスキーや日本酒のことはいろいろと話を聞いたし、書いたものを読んだりしてきたが、ワイン（葡萄酒）については、ただ、「ワイン」というだけで銘柄や産地に関する記載はどこにもない。

それでがっかりしたというのではなく、むしろ安心した。軍人が、訳知り顔で、「ヴィンテージ」がどうの、「ボージョレ・ヌーボー」がどうのと言うようでは軍隊の域を脱している。外務省なら外交のためにもワインの専門知識が必要になるが、いくら大英帝国を模範とした日本海軍でも軍人はそこまで勉強しなくてもいい。

だいたい、ワインほど複雑な酒はない。前記したが、産出国、産地、製造時期、貯蔵期間、甘口・辛口、赤と白……大型酒販店の棚には数千本のワインが並んでいる（写真）。それでも棚に出せないものが倉庫にたくさんあると言っていた。価格もピンからキリまで、外国モノでも、安いのは一本二百七十円からあって、いちばん多いのは三千円から五千円クラスのようだが、贈答用だろうが数万円のもある。私はせいぜい五百八十円から高くても千二百円くらい。広島の三次ワイン・白で九百八十円の「中間」味などワインの見分けの基準になる。

ワインの本も数多いが、ソムリエならともかく、素人がワインの蘊蓄《うんちく》を重ねたような本を読むと、「そこまでわかるものかなあ？」と逆にその気取りかたが鼻につく。

たとえば、こんなエッセイの本がある。著者は「自分はソムリエでもなく、三十数年前、よくわからないまま安いフランス物を中心に買っては飲んでいて、知識もなければ、懐にも余裕はなく、ラベルを見てもわからないことばかりだった」とまえがきにはあるが、どうしてどうして、かなりのワイン通になったらしく、早くも最初のほうに、

『最初に衝撃を受けたのはカステッロ・デッラ・サーラのチェルヴァーロ・デッラ・サーラ一九九〇年。これには唸りました。イタリアにも見事な白があるものだ。なんともクリーミーで、ねっとりとした舌触りが素晴らしい。気品があって、しかも官能的。まことにいい加減なイメージだが、貴族の館で開かれた晩餐会にでも招待されたような気分になってくる。一緒に飲んだ友人と感激することしきり。この時はじめて知ったのですが、トスカーナの名門マルケージ・アンティノーリが良質の白を造ろうとして隣のウンブリア州で入手した歴史的な農園がこのカステロ・デッラ・サーラ。シャルドネ種に土着品種のゲレケットをブレン

ドした意欲的なもので、どこかブルゴーニュのムルソーを思わせるものがあったように記憶している』

自分ではけっしてウンチクを重ねているわけではないと断りながら、このあとも延々とこういう調子の記述がつづくので、「ワインとはそんなに熱中するとこういうもったいぶった書き方をしたくなるのか」とか、「ワインに複雑なものなのかねえ?」と逆に遠ざけたくなる。官能小説ならわかるが、官能的な酒の味というのに一度でいいから出遭ってみたくなる。ソムリエは本業だからこんな表現をしたら嘲笑されるだろう。もっと専門的表現が必要で、ソムリエという職業はきびしいなと余分なことまで考える。

この本では、さらに、「懐にも余裕はなく」とあったのに、「五千円の手ごろな値段のものを二本」とか、「通販で年に一度十二本を取り寄せ」とか書いてあるのでフトコロにも余裕がある人のように見えて、ますますワインには身分差がありそうに思えてしまう。赤ワインのポリフェノールが動脈硬化予防にいいと言うが、日常的に飲むなどとてもできない。

赤ワインといえば、この本（新潮新書、書名は伏しておく）で著者は、「ボルドーの赤が感応的（ここは官能的ではない）な酩酊とすれば、ブルゴーニュの赤は知的な覚醒ということになるでしょうか」と書いてあって、いよいよ何のことやらわからない。酒を飲むのに感応的酩酊とか知的覚醒とか考えたことのない私は、「とてもワインにはついていけない」とも思ってしまう。「頽廃的でありながら、同時に活動力に満ちているあたりの具合がなんとも魅力的」（トニーポートというポルトガルワインに対する評価）とは、いったいどんな味なのだろうか。抽象的な形容詞を並べ立てただけではないかと、ますますうんざりしてくる。こういう文言の並べ立てなら私にもできそうである。

「アルト・アディジェ・ラグレイン……この飲み口は何と表現したらいいのだろう！　モーツアルトのピアノコンチェルトに譬《たと》えればあの二十番ニ短調の衝撃的な出だし……そうだ！あの衝撃だ！　しかし、飲んでいるうちに第二楽章のアンダンテ……これがまさにラグレイン種の味なのだ……」なんて、支離滅裂な表現をして自己満足。

ワインには特別の文化があるのかもしれないが、こういう本はよほどワイン好きでなければ読まないだろう。古書店にあったので買っただけだったが、わかりにくいワイン本として別の面白さがあって引用した。いとも簡単に、「あのときのアマローネ・デッラ・ヴァルポリテェッラの辛口の赤は思い出すだけでその味が口中に甦る」とか、「サヴィニ・レ・ボーヌ・レ・ヴェルジュレスの技巧的な味がよかった」とか書いてあるが、ワインに付けられた長いカタカナ文字など、よく覚えられるものだと、「ホントかな」と疑いたくもなる。

その点、日本酒は「菊正宗」とか「月桂冠」「千福」など簡単で覚えやすい。弘前には「ん」という短い銘柄酒もある。ワインの場合はその国のワイン法というのがあって、かなり厳しい規則があり、醸造所やブドウ園まで標記しないといけないものもあるから、「寿限無寿限無……」のように長くなるのだろうが、諳《そら》んじるのは楽ではない。

ワインが日本の家庭で普及しない最大の理由は、あのコルク栓にあると私は思う。開けるのにとても手間取る。今はボトルでも簡易キャップがあるが、オーソドックスなガラスのボトルはコルク栓で、専用オープナーがなければ絶対開けられない。T字型のスクリューが普通であるが、けっこう面倒である。

こういうときのためにテコ式オープナーを買っておけば抜栓は簡単とはわかっても、そこまでしてワインを……という気持ちもある。滅多に使わないと置き場所がわからなくなる。いったん開けてしまうと元のコルク栓は膨らんでいて容易に収まらず、無理して一本飲んだりしてしまう。赤ワインならデキャンタ（フラスコのような容器）に移して、残りは栓を戻しておくという方法はある。ビールも缶ビールになってから気軽に飲めるようになった。缶に大小があって選択の幅もできた。

映画に登場するワインの役割

最高級ワインだというロマネ・コンティのことを先に書いたが、そのロマネ・コンティの一九二九年ものが映画『タワーリング・インフェルノ』（ワーナー／二十世紀フォックス共同制作）で出てきたのを、たまたま本稿を書いているときＮＨＫＢＳテレビで観た。普通なら見落とすが、超高層ビルの落成披露宴で使う予定にしているという設定で、ビルのオーナーのウィリアム・ホールデンとバーテンダーのちょっとした会話場面だった。ハリウッド映画資料で調べたら画面に出ていたケースも本物だそうだ。

しかし、やがて〝インフェルノ〟（地獄）……猛火の中で必死にロマネ・コンティを守ろうと苦戦するバーテンダーもあえなく死んでしまった。

映画といえば、もう一つ。

シャンパン（シャンペン）はもともとフランスのシャンパーニュ地方のワインから造った発泡性ワインで、生産地が限定されているから高い値がつく。今では産地が違うスパークリングワインも多いが、明治期の海軍の饗応用として「三変酒」と書いてあるのを見たことがある。どこの資料で見たのか思い出せないが、精養軒などでもシャンペンは三変酒と書いていたようだ。

映画でもよく登場する男女の微妙な会話を仲介するのがシャンパン。サイダーやラムネではいけない。たとえば、『カサブランカ』――いまどきあの名画の話をしても通じないかもしれないが、『第三の男』とか『カサブランカ』にノスタルジーを感じる年代ならわかると思う――リック（ハンフリー・ボガード）とイルザ（イングリッド・バーグマン）の会話の中に数回（四回？）「君の瞳に乾杯！」という有名なセリフがある。字幕翻訳家の高瀬鎮夫という人の名訳とされているが、もとの英語セリフは「Here's lookimg at you, kid!」らしい。「Cheer!」としてあるものもあって、ようするに、「可愛い君に乾杯！」といったような意味になるのだろうが、シャンパンはこういうときに似合う。ラムネ瓶ではさまにならない。「ゲップ」が出ては艶消しになる。海軍ではよくラムネを飲んだが……。

日本海軍もテーブルセッティングで「シャンパングラス」を置くようになっているので、

シャンパンはほとんど艦上昼食会用（乾杯用か食前酒）として、最初だけ使われたと想像するが、詳しい資料はない。

ＤＶＤで『カサブランカ』を観なおしてみた。最後に革命家のポール・ヘンリードと、じつはその妻になっているイングリッド・バーグマンを飛行場で逃がす任侠男ハンフリー・ボガードの前で、これまた人情に通じるフランス人の警察署長が一件落着してワインのようなボトルを開ける。大写しのボトルのラベルがVICHY WATERとなっているのに気づいた。ヴィシー水はフランス中央に位置するヴィシー市の名物鉱泉であるが、ヴィシー市は第二次大戦中、ナチスに協力した経緯がある。ナチス嫌いの警察署長がこのあとヴィシー水の瓶を投げ捨て、アメリカ人のボガードにちょっと目くばせするのはそういう意味があるようで、この映画の奥の深さに気づいた。監督はマイケル・カーティス。やはり名作と言われる古いモノクロ映画はいい。

元イギリス防衛駐在官のワイン薀蓄

現在の自衛隊にも戦前の大使館付武官制度があり、日本が大使館を置く国には基本的に陸海空から自衛官が派遣されている。外国でもこの軍事アタッシェ制度があり、相互に置いて、大使のもとで軍事・安全保障に関する情報収集等を任務としている。「基本的に」というのは、外務省の都合などで置かなかったり兼務もあるからで、また、昔は「〇〇国在勤帝国大使館附海軍武官」というように身分の名称があったが、現在の派遣自衛官は一時的に外務省職員（外交官）と自衛官の身分を併せ持つ「防衛駐在官」というだけである。駐在所（交番）の警察官とはまったく違う任務を帯びていることは言うまでもないが、せめて「駐在武官」にしたほうが聞こえがいいと私は思う。

昔のロシア在勤武官でいえば、明治三十年にロシア留学し、「露国駐在海軍武官」も勤めた広瀬武夫少佐、日露戦争前にロシア公使館付陸軍武官で、開戦になるとスウェーデンへ移って諜報活動で功績のあった明石元二郎陸軍大佐、大正初期サンクトペテルベルグやウラジオストックで二度、海軍武官を勤めた米内光政中佐などがよく知られる。

防衛駐在官は当然、公式行事としての昼食会や晩餐会などにも通じているので、私の同期生で、もとイギリス防衛駐在官をしていた寺下清道氏からワインについてのウンチクを教わった。寺下氏は英女王陛下にも数回拝謁していて、大英帝国の薀蓄には確かなものがある。

寺下海将とは幹部候補生学校卒業後の遠洋練習航海でも同じ護衛艦「てるづき」で勤務したが、アルゼンチンの「チンザーノ」やカリフォルニアワインに詳しく、みずから買って出て土産物のワインの斡旋係までやってくれた。「ノートン（ワインの世界的取引会社）に注文するのが確かだ」などと言っていたので一目置いていたが、最近そのときのことを聞くと、それまでは赤玉ポートワインが〝ワイン〟だと思っていたくらいで、本格的なワイン研究はイギリスの防衛駐在官となり、必要に迫られてのことだったのだそうだ。

「必要に迫られて」というのは、防衛駐在官になると任務上、在勤国はもとより他国の国防関係者との人脈をできるだけ早く築かなければならないので自宅での夕食会に招待することになる。それで奥さん共々でいちばん困ったのがワイン選びだったという。

さいわい大使館のそばにワインショップがあったので、マスターに打ち明け、「ワインについて何も知らない東洋人としてどうしたらいいのか」と教えを乞うたという。マスターは、「説明するよりも、まずうちの品を全部飲んでみるのがいちばんいいのだが……」と言いいながらも、こちらの立場をわかってくれ、ワインの初歩から専門段階まで丁寧に長い時間をかけて手ほどきしてくれたという。そのため寺下氏はずいぶん授業料（酒代のこと）がかかったとも言っていた。

この人が語るワイン論は前述の本に比べ格段にわかりやすいうえに、「それならワインを買いに行ってみようか」という気持ちにしてくれる。元海上自衛官の蘊蓄としてまとめて「海軍とワイン」の講釈に変えることにしたい。

『寺下清道元イギリス防衛駐在官のワイン論（談）

白ワイン、赤ワイン、発泡性ワインの前に昔の海軍も接待などに使っていたという発泡酒以外の特殊ワインになるシェリーとポートワインについて説明しよう。

シェリーとは、スペイン政府がヘレス地区で生産されるワイン（スペイン語でシェリーはヘレスと言う）に、この地区の中心の町の名を付けてお墨付きとしたもので、普通は食前酒としてよく飲まれる。海軍のテーブルセッティングの図の右の位置に「セリーグラス」と描いてあるのがシェリー酒で、シェリーがないときは日本酒を食前酒にしたようだ。

ポートワインというとあの色付けした、ほとんどワインは入っていない（一割程度）サントリーの赤玉ポートワインを思い出すが、全然違う。本物はポルトガル産の深紅の甘口で、発酵させるときブランデーを加えて熟成させる。ついでに言うと、正式にポートワインと呼べるのは北部を流れるドウロ川の限定地域で生産され、河口のオポルト（ポルト）で熟成された政府証明付きで出荷されたものだけで、とくに出来のいい年のポートワインはびっくりするほど高い。もちろん手ごろな値のものもある。イギリスではこれを食後酒としてデザート代わりに飲むことが多い。

赤ワインは肉料理、白ワインは魚料理というが、フランスでもそれほどの決まりはない。ボルドー市のレストランに案内されたとき、料理にかかわらず男性は赤、女性は白というルールがあるのを知った。そんな所では知ったかぶりはせず、地元の人に任せるのがいい。

フレンチ・レストランで食事をする場合、ホストとしてもっとも気になるのがワイン選びである。映画などはソムリエが仰々しく分厚いワイン・リストを持ってきて、無言でオーダーを待つようなことをするが、渡されたほうは絶望的。知ったかぶりはさらに禁物。ソムリエは客が注文した料理と客筋を見て判断するので、任せた方がいい。ソムリエの共通認識なのか、ワインでボラレるということはない。二流のレストランなどは手持ちの種類が少ないうえに回転が遅いのでワインはかえって高いことがある。料理の値段は初めからわかるので、一般的に、料理の約二倍が支払い時の総額だと思っておけば間違いない。
英国貴族や上流階級が好むワインの飲み方は、初夏の爽やかなそよ風が吹く、景色のいい場所で、親しい友人とピクニックで知的な会話をたのしみながら適度に冷やしたシャンパン、あるいは、すっきりとした味の白ワインを飲むことだと、イギリス人から教えられた。ワインとはそういうものであるといえばなんとなくわかるような気がする。そうかといって、上品ぶって飲むものではない。

ワインの値段については、特別な場合はともかく、家庭でたのしむには、イタリア産なら一本千円以下でも上質のものがある。フランスの上質ワインと何ら遜色がなく、ソムリエも同じことを言っていた。

そのソムリエであるが、ソムリエといえばワインの神様みたいに思われているが、人間の感応や感性はそんなに高度な持続性があるものではない。早い話が、ワインメーカーや販売システム、有名レストランと結びついた人脈が裏にある場合が多い――イギリスでソムリエから正直な話を聞いてほっとした。ようするに、ワインは自分で美味しいと思えばいいのであって、しかも安くていいものが沢山あることを知っておいた方がいい。ワインは見栄を張って飲むものではない。

具体的にイタリアワインのいいところを言うと、フランスとイタリアではワイン法に違いがあり、いい品質のものがフランス物の約三分の一で買える。ワイン法というのは国によって違いがあるが、厳しい条件や報告（表示）事項が求められる。とくにイタリアワインの銘

銘柄が「モンテ・グェルフォ・サンジョウグイゼ・ティ・トスカーナ」とあって、よくわからないながら研究のため買ったもの

柄名が長くなるのはいたしかたない。品種は勿論のこと、獲れたブドウ畑の広さまで報告することになっている。ウンブリア州のサグランティーノ・ディ・モンテファルコ……ナントカ……といえば、最初の「サグランティーノ」が品種を示し、規程に従った標記が続いて最後に1989というような生産年が入る。日本もワイン法があればもっと安心して飲める。

そのイタリアワインならどれでもいいかというと、そうではない。原産地などが保証されているのがデノミナツィオーネ・ニャイ・オリジネ・コントロラタ・エ・ガランティータ、略して「DOCG」と、通常は小さな金文字がラベルのどこかに書いてあるので識別の参考になる。ほんとに小さな字なので老眼鏡が要る。イタリアワインなら接待用でも一本三千五百円以下で上質ものがある。家庭内で日常飲むのなら千円以下でもいいものがある』

寺下氏のワイン論を聞いて、安心した。さっそく近くの酒販店のワイン売場を見てきた。この店は超大型で、ワインだけでざっと数えて四千本以上置いてあった。高級ワインらしい約六十本はショーケースに入れてあって、少し斜めになっていた。「ワインは暗いところに寝かして保存する」と昔から言うが、店内は昼間の屋外のように明るく、全部立ててあった。回転が止まらないほどワインを買う客が多いとも思えないが……。

寺下氏の言葉もあって、イタリアワインの棚を見てみた。値段はいろいろだが、たしかに安いような気がする。

試しに六百八十円（税別）のモンテ・グェルフォ・サンジョヴェーゼ・ティ・トスカーナというトスカーナ産を買ってみた。前記したが、長ったらしい名前はイタリアワインの特色で、その横にはレ・ピアッツェ・モンテ・プルチャーノ・ダブルッツォという同じ値のものもあった。ワインマニアはほんとに覚えていてものを言っているのだろうか、と再び疑問が湧く。

隣りにスペイン産で二百九十四円という赤ワインがあって、あまりにも安いので、かえって興味が湧いてそれも買った。ヴィニャーノ・ベーニャ・レッドという二〇一三年製造だった。七百八十cc入りのガラスのボトルをスペインから日本へ運ぶのに正価二百九十四円で売って商売になるのか、生産者価格は半値の百四十円くらいなのかもしれない。ワインはこういう安いものから始めてみればしだいに味がわかってくるのかもしれない。飲んでみると、やや辛口で、スペインの庶民はこういうワインを日常飲んでいるのかな、と想像すると愉しい味（?）になる。

海軍の酒とのかかわりを酒類別に書いてきたが、酒類といえば、まだ焼酎を筆頭にたくさんあるが、「海軍と酒」の範囲を逸脱するので、ここではほかの酒には言及しない。

それでも読者には、「海軍はよほど酒が好きだったんだな」とか「海軍はフネの中でも上陸してもいつも酒が飲めて羨ましい」と、酒との「かかわり」ばかりが強調され、酒とは「かかわらない」士官、下士官兵もいたことがまったく隠れてしまったかもしれない。

（仕事を）やるときはやる、飲むときは飲む、というのがいい酒の飲み方だし、度の過ぎた飲酒はいいことではない。アルコール飲料にはアルコールの度数が四度から六十度までいろいろあるが、自分の酒量をわきまえて、適度とか、ある程度とか、ほどほどという飲みかたをすれば活力になる。

海軍でも案外、下戸も多かったようである。兵学校七十二期（昭和十八年九月十五日卒業）の志満巌氏（二〇二〇年四月現在、九十八歳）に聞くと、「海軍では艦内飲酒はフツウだったけど、飲めない者や飲まない者もけっこういましたよ。士官にも下士官にも……」と言っていた。

第4章　酒のつまみとして（エピソード集）

海軍士官の飲み代と支払方法

日本海軍と言っても、明治初期から昭和の終戦まで七十数年もあるので、海軍のことを書くときはいつの時点のことか前置きしないと話がわからなくなるが、さいわい酒にまつわる話は基本的に大差がないようだ。酒の飲み代の支払い方法なども、とくに士官は明治時代に出来上がった習慣（流儀）がそのまま終戦まで踏襲されていた。

海軍兵学校がまだ築地にあったころ（明治二十一年八月に江田島に移転）は精養軒など高級西洋料理店やホテルなどを兵学校生徒も利用していて、当時の支払い流儀がそのまま士官の金銭取り扱いの習慣になったらしい。岩倉具視など政府高官出資のホテルなどが多かったため、なかば強制的利用で、学校当局が精養軒などのツケ額をチェックし、金額の少ない生徒は幹事に呼ばれて注意されていたという話もある。

現代に比べるとすべておおらか。行きつけの料亭や店を利用することが多く、支払いは基本的にツケ（掛け金）。初めての料亭でも誰かが先に馴染になっているから、あとから集金して後日払うというやり方で、請求書の明細など確認することもなく金額どおりに支払うのが流儀とされた。士官の金銭感覚もそういうなかで育った。

戦争中でも、飲むほうも提供する料亭のほうもおおらかなもので、明日をも知れないお客でも「支払ハ現金」とはしなかった。それも商売勘定のうちだった。

呉には「五月荘」という海軍時代からの料亭が現在もある。旧町名「和庄」が「呉市中央に変わった今も「海軍さんの料亭」と看板に書いてある。井口義子女将に店に伝わる話を聞いたとき、ついでに「終戦でツケの回収ができなかったのでは？」と聞いたら、「先代からは、家が数軒建つくらいの未回収伝票があったが、戦争中のこと、それを承知で店をやっていたのだからご破算は当たり前と言って平然としていました」と言っていた。

海軍では、士官はもとより、下士官兵もフネの中で飲むときは基本的に支払いはツケ。酒保を利用するので月末に集計して給料から差し引いていた。士官は夜もやたらに飲むから勘定がどうなっているか本人もわからない。従兵が簡単に記録したものを主計科の担当下士官が大雑把に整理して集金した。士官たちは「オレはこんなに飲んではいない」などとは絶対に言わない。むしろ「今月はちょっと少ないんじゃないか？」と聞かれることはあった。

主計科士官だった瀬間喬氏は、海軍時代は給料を一度も家に入れたことがなく、全額自分の小遣いにしていたそうで、著書のあちこちに「海軍はよかった、じつに愉しいところだった」と書いているが、奥さんの実家が旧朝鮮で造船鉄工所を経営していてゆとりがあったらしい。「海軍は愉しかった」はずである。奥さんも結婚前に父親から、海軍とはそういうところだと聞かされ、「瀬間の生活を束縛するようなことがあってはならない」と諭されたという。

瀬間氏の娘さんは戦後宮内庁に勤めていて、お父上のことを聞きたくて数回電話したときはすでに宮内庁退職後だったが、躾け（?）のいい家のお嬢さん（すでに六十歳半ばということだったが）はやはりどこか違うという印象を受けた。

酒の席では行儀の悪い士官もいて、支那・山東省での話だが、「皮袋さかずき」と言って、自分の睾丸のフクロ（?）を引き延ばして、そこへ酒を注がせたものを仲居さんに盃ですくわせて自分が飲むというヘンな遊びをするような大佐がいたらしい。皮袋さかずきは物損がないが、狼藉で生じた代金は、つぎのシラフ（素面）のとききちんと請求書が渡され、言われるとおり支払うのが当たり前だった。

海軍料亭として知られる「小松」はトラック島に出店があった。井上成美次官が第四艦隊司令官のとき小松に出店を頼んだものらしい。あるとき海軍客が相当暴れたらしく、テーブルなど海辺に投げ込まれたので「芋代金三円也」という請求書がフネに回ってきた。そういうときたまたま小松の若女将がトラック島まで来た。若女将は、仲居たちには「このお客さんを怒らすのはあんたたちが悪い」と帳消しにしてくれたという話もある。

しかし、軍人のこと、いつの時代も飲み方は乱暴で、飲んで暴れたり器具を壊したりするのはよくあること、こういうのを「芋を掘る」と言った。俗語で、あまり流布もしていないが、由来は薩摩海軍にある。「芋掘り」については後述する。

料亭小松の山本小松女将の証言「東郷さんの居続け飲み」

通称「パイン」で知られ、海軍文化の一翼を担った横須賀の料亭小松《こまつ》。初代女将山本小松の後を継いだ養女・直枝によって戦後の進駐軍のクラブ利用を経て、代は替わっても「パイン」の名声を保ち近年まで営業がつづいていた。平成二十八年五月十六日夜に出火し、家屋全焼、東郷元帥、山本元帥等多数の揮毫や海軍関係資料とともに焼失したのが惜しまれる。「小松」にはかぎりなく海軍のエピソードがあるが、次は初代女将の生前の思い出話を後年綴ったものの一部である。（機関誌『東郷』昭和四十三年二月号所収から抜粋）

『東郷さんの流連《いつづけ》

東郷さんは明治の初めイギリスへ行かれます前、浦賀で龍驤に乗っておられました際も、イギリスからお帰りになられ、比叡に乗られたり迅鯨の副長になられたりなさいました当時も、よく島原さんとおっしゃる軍医さんとご一緒に飲みに見えたものでした。

このお二人はお酒をチビチビ飲まれる方で、女中泣かせでしたが、ただ一人だけ東郷さんのお相手を、自分から望んでいた女中がありました。お浦と申す年増の女中でした。

東郷さんと島原さんのお二人が飲み始めになりますと、時には二日でも三日でも打ち通して流連（居続け）なさるのです。

そんな時に私が出てまいって、「さあさあ、東郷さんも島原さんも、今日は艦《ふね》へお帰りになって、一度お艦の皆さんにお顔をお見せして、また出直していらっしゃい」と追い立てるようにしてお帰し致すのです。そのようなとき東郷さんは、いつも、「こんな顔を見せたって仕方ないや」と苦笑なすったものでした。

山本さんと東郷さん

日本の海軍が今日の優勢になりましたことは、伊東、山本、東郷、このお三人のお力によるものと存じますが、とりわけ山本（権兵衛）、東郷……このお二人のお力と申すものはたいへんなものと存じます。

晩年の東郷大将

日露戦争の海軍は陸（海軍省）に山本大将あり、海（艦隊）に東郷大将あり、このお二人の息と申すものがぴったり合いましたればこそ、日本海のあの大勝利が得られましたものと誰しも仰《おつしや》ってますが、全くそれに相違ないと存じます。ただ面白いのは、お二人のご気性が全然違っていらっしゃることです。

東郷さんは前にも申しましたとおり、至って物静かな、無口な方でして、お酒を上がっても小唄一つお歌いにならず、高い声一つなさらないのに引き換え、山本さんの方は反対で、お酒にお酔いになりますれば、流行歌もお歌いになる、踊りも

料亭・小松(横須賀米ケ浜通)

お踊りになって、大きな声で面白可笑《おか》しく話もなさいます。同じ鹿児島のご出身で、同じ海軍の軍人さんでおありになりながら、こうまでお違いになるものかと不思議に思ったくらいでした。

お浦と申す女中

さて、このお偉い東郷さんの話ですが、それは前に申しました女中のお浦、これがぞっこん東郷さんに岡惚れいたしまして、他の女中が東郷さんのお座敷へは出たがりませんのを、自分から進んで出てまいり、東郷さんに思いを寄せておりましたのですが、東郷さんの方では一向にお察しがないのです。それでお浦はやきもき致しておりますうちに東郷さんは呉にご転勤なさいました。

お浦は矢も楯もたまらず、弟が病気だと申して暇をとり、旅費を工面し東郷さんの後を追って神戸までまいりまして東郷さんにお目にかかり、そこで思いのほどを打ち明けました。これには東郷さんもほとほと当惑されて、何程かの金を握らせ、お浦をなだめて横須賀へ戻らせられました。

アノ真面目な東郷さんにこのようなお話がおありでしたとは、どなたもご存じないでしょう。お浦はその後私の所から暇をとり、待合を開業し、いろいろと面白い話もありますが、それは東郷さんとの関係ではありませんのでここではよしておきましょう』

小松の初代女将の口伝は昭和になっても二代目女将に語り継がれたようで、亡くなる前に直接聞いた将官の話も残っている。阿川弘之著『米内光政』（新潮社）の中にも、女将が「あんたたち、東郷さんとか広瀬さんとか、特別の人のようにまつりあげているけど、うちへ来て芸者を揚げてお酒を召し上がるときは、みんな同じ」とよく言っていたという記述がある。昭和の海軍大将米内光政と酒については『米内光政』に詳しいので別途引用する。

昭和62年10月、小松の山本直枝女将から井上成美元兵学校長の思い出話を聞く76期生徒の代表者

「小松」を継いだ二代目の山本直枝もよくできた名物女将だった。初代女将の大姪で、戦後の海上自衛隊時代のお客も丁重に接遇していた。筆者は昭和四十年代に二度ほど旧海軍の人と料亭「小松」に上がったことがあるが、客筋も決まっていることが多く、女将に質問することも毎回同じようなことばかりだと思うが、尋ねることに丁寧に、相手の目を見ながら答える人で、話しぶりも落着いて、「さすが……」と思わせるしっかりした上品な女性だったのを覚えている。

〈上の写真は兵学校七十六期（昭和十九年十月入校で、賞味十ヵ月の在学期間だったが、現在もクラス会がつづいている〉の数名が昭和六十二年にパインを訪ねたときのもの

で、中央奥が直枝女将）

舞鎮司令長官時代の東郷中将

海軍鎮守府の格付けは歴然としていた。横須賀に比べると舞鶴はかなり低い。明治初期からロシア防衛のため日本海防備の大事はわかっていたが、山に囲まれた舞鶴の整備は経費膨大のため呉、佐世保の後回しにされ、舞鶴鎮守府は開庁したのは明治三十四年だった。その後、大正期にワシントン会議で鎮守府から舞鶴要港部に格下げ（大正七年）になる経緯もあり、昭和十四年に再度鎮守府に格上げにはなるが、格付け印象はいつまでも残った。

初代舞鎮司令長官となったのが東郷平八郎中将だったが、その前は佐世保鎮守府司令長官、その前は常備艦隊司令長官というランク的にも第一線の職務だったから皆が不思議に思ったのも無理はない。やっぱり酒の飲み過ぎで「予備役五分前になった」と思われても仕方がない。海軍での舞鎮長官のポストはそういう評価だった。山本権兵衛にいびり出されたという噂さえあった。

しかし、舞鶴市民は東郷中将を大歓迎した。東郷平八郎という人物をあるていど知ってはいるが、それより、鎮守府司令長官というのは親補職で親任官（陸海軍大将のみ）と同等。高等官の京都府知事より格段上になる。それまでは知事といえば旧藩侯より遥かに上だと思っていたら、それよりもずっと上のお方が舞鶴に来られる——それを喜んだ。赴任のときも列車には乗らず、東京から北陸回りで敦賀から軍艦で舞鶴港に着任した。

実際、東郷中将はかなり体をこわしていた。

東郷平八郎といえば日本海海戦の聯合艦隊司令長官としての功績が目立つため見過ごされがちで、壮年期の経歴からはとても後年の東郷は予想できない。

体調不良からくる人間的苦悩もあったと思う。四十一歳から四十八歳までの年齢的にも大事な七年間をみてみる。

明治二十年が四十一歳で、その前年から巡洋艦「浅間」艦長兼横須賀兵器部長を務めていたが、体調がいまひとつぱっとしない。でもよく飲んでいた。横須賀での、前項の「小松」の女将の話とも合う。

「浅間」を下りてしばらく自宅療養などをしたあと、二十二年七月に戦艦「比叡」の艦長に任命されるが、翌日には「浅間」艦長に発令されたりしているから第一線の海上勤務はやっぱり無理か、という考慮だったのかもしれない。しかし、これも十ヵ月で補職替えになり、今度は陸上の呉鎮守府参謀長（二十三年五月）である。

参謀長職は立派な配置には違いないが、東郷には物足りない。もう大丈夫と思われたのか、一年半後の二十四年十二月に巡洋艦「浪速」の艦長として海に出る。四十五歳。

「浪速」では、のちに名を上げるきっかけになる事件（ハワイでの邦人保護）と遭遇する。

このころの東郷平八郎の健康状況を記したものはあちこちの文献で見ることができるが、

新人物往来社の『東郷平八郎のすべて』（昭和六十一年）の中に、中村義彦氏が担当し、簡潔に書かれた部分があるので引用する。

『東郷は十一年五月（英国から）帰国、七月中尉、その後の昇進は大佐までは伊地知（知弘）と全く同日付である。問題は十九年から発病し、二十年から三年にもおよぶ闘病生活である。これは充分に首切り理由となるところだが、首切り騒ぎの二十六年初頭は二月から五月まで彼は浪速艦長としてハワイへ出かけ居留民の保護にあたっていた。これでは馘《くび》にはできない。彼の帰国は五月二十九日、あらかた首切りが済んだあとだった』

明治二十六年初頭、海軍は大胆な人員整理をした。対象者九十七名の中には大佐以上が三十五名もいた。明治維新来の無能な将官や薩摩閥を一掃しようという大量首切りだった。

ブラックリストが東郷のところに来たとき、山本権兵衛官房主事が西郷従道海軍大臣に、「この男は暫《しばら》く様子を見もそ」と言って×をせず、「もういっとき（「暫く」の意）フネに乗せておきもそ」と除名を見合わせた話はよく知られる。東郷は健康を害していた。それが飲酒によるとばかりはいえないが、要注意大佐ではあった。

東郷はこのあと一時「浪速」を下ろされ、明治二十七年（一八九四年）四月二十三日付で呉鎮守府海兵団長になった。

海兵団長という配置には少し説明が要《い》る。ようするに新兵教育はエリートでなくてもそれなりに務まる配置で、人材はほかにもいる――そういうことで、それも四年前には同じ呉鎮守府でナンバー2の参謀長だったのだから、ますます本人も気合が入らない。

私は、この海兵団長の時期が東郷にとって最大の失意時期だったのではないかと思う。しかし、そこが東郷平八郎の偉いところで、ヤケ酒を飲んで気晴らしするようなことはしなかった。

そこで、私はあるストーリーを考え、呉での講演で使ったことがある。まったくのフィクションである。

「肉じゃがは日本海軍が発祥という話は、その証拠になる古い海軍料理書にもあるのでホントで、私が昭和六十三年に発見したことも拙著『海軍肉じゃが物語』に詳述したのでここでは話しませんが、その後いつの間にか肉じゃがは東郷元帥がイギリス留学中のビーフシチュウからヒントを得て考案したものだということになりました。私が言ったことではないのにマスコミもしつこく聞きに来ます。ウソと言ってしまうのは簡単ですが、地元も「肉じゃが」熱が盛り上がっていますので水をさしたくはありません。むしろ、発起人・舞鶴青年会議所リーダーの清水孝夫氏以下同志の熱心な研究心のほうに尊敬の念が湧いているくらいです」

「東郷長官が肉じゃがを考えたというのなら呉の海兵団長のときではないでしょうか。だいたい参謀長とか司令長官のような配置の人があれこれ兵の料理に口を出すというのはおかしいことです。口を出すとしたら新兵の健康管理にも責任がある海兵団長のときとしか考えられません。呉海兵団長のときもよく散歩していたと聞いています。

宮原の官舎からそこ（海の近くの講演会場から見える下の宝町の道路を指さす）の宝橋の所で海を見たとき、ふと思いついて、『そうだ！　新兵たちにあれを食わそう！』ウースター商船学校練習船のあるテームズ川河口と呉のこの堺川とは大きさは違いますが、かつてのイギリス留学時代を思い出した……というわけです」

肉じゃがはこうして誕生した、という話にしたが、「肉じゃが」のルーツが海軍にあることだけはフィクションではなく、その証拠を充分説明した。

しかし、この話にも無理がある。案外、舞鶴説が正しいのかもしれない。

というのは、海兵団長の任務はわずか四十六日だけだった。この四十六日間については伝記でも空白になっていて、どんな勤務をしていたのか資料はまったくない。腰ギンチャクと言われた小笠原長生中将が大正十五年に著した東郷伝記『東郷元帥詳伝』でもふれられていない。ほとんど呉には滞在せず東京（海軍省）にいたという話もある。

悶々とした生活がつづくなかで東郷は山本権兵衛の言ったとおり、もう一度、巡洋艦「浪速」で艦長を務めることになった。二度目の「浪速」艦長では同盟国イギリスに船籍のある清国運送船高陞号を撃沈するという大事件を起こすが、イギリスの国際法学者の解釈で東郷の処置は正しいことがわかり、一躍有名になる。

体調は引き続き不良で歩き方もおぼつかないくらいであるが、その後（明治二十八年二月）少将に昇進、常備艦隊司令官、翌年には中将となり、海軍大学校長を経て、明治三十二年一月には佐世保鎮守府司令長官に発令される。

ついでに言うと、佐鎮司令長官としての着任のときの様子を後年、森山慶三郎海軍中将が記していて面白いので抜粋する。佐世保での前評判は低かったらしい。

「僕は梨羽（時起）司令官にお供して（佐世保）の停車場で東郷中将を迎えたよ。前評判から、困ったものだね、と評判していると東郷さんが列車から降りてきた。停車場で迎えたのはほんの儀礼的な少人数。君、陸軍なんか、司令官の着任というと馬上豊かに、だよ（笑い）。その点東郷さんの着任は実に貧弱なものでしたよ。停車場の埋立地をヨボヨボと下を向いて歩くんだからね。小さな男でね。僕ら、こんな人が長官で来られたんじゃかなわん……と思いながらついて行った」

（注：梨羽時起は長州藩士出身の海軍中将。日清戦争では「赤城」艦長などを務めた海軍草創期の将官。梨羽は養子姓で本家の有地品之允〈海軍中将。のち呉鎮守府司令長官〉の実兄）

ざっと、こういう回想（新人物往来社『東郷平八郎のすべて』）を語っている。

しかし、着任後ほどなく「東郷という人は偉い人だ」という佐世保での噂が森山の耳に入るようになる。舞鶴への赴任はそのあとになるが、まだ真価は広く知られていない。

舞鶴鎮守府司令長官時代の東郷平八郎中将の生活を書くのに、前置きが長くなったが、年齢は五十五歳。舞鶴では静かな私生活で、天気のいい日は余部の官舎から東の朝来まで散策、ときおり海で釣りをしたりして体調管理に気をつけた。舞鶴には沢山の話が残っている。当時の大阪朝日新聞の記事などから東郷長官の生活ぶりを紹介する。

舞鶴鎮守府司令長官官舎・通称東郷邸の書斎とその内部

●東郷司令長官の勤務は、一日に手を二度挙げるだけである。登庁のときと退庁のときに一度ずつ、都合二度挙手の答礼を行なうのみで、庁舎に在っては何事もしなかった。しかし、これは形に表れた勤務であって、精神上に於ける無形の勤務については容易に看取できなかった。

●「時間が来て退庁し、公的な会合や用務がないときは質素な木綿の筒袖に着替え、多少の酒をたしなみます」と書いた新聞報道が舞鶴市資料に転写されている。後年、オーストラリアのウォーナーという戦史家が英国留学後のことを調べたらしく、「東郷は酒が好きで、会合でも最後まで残った」「自制心が強く、スキャンダルはなかった」とあり、「タチのよい飲酒ぶり」との評価につながる。

●中将の無頓着は庁舎に在る時ばかりでなく、官舎でも依然たるもので、室内装飾など意に介することなく、床の間の掛軸が何であろうと、花活けに花がなかろうと、灰皿の上に煙草の吸い殻が山を築いても家人に注意することはなかった。

●外出はたいてい一人で、遠くても人力車には乗らず、供も連れずに近所の山へ蕨採りに出掛けることもあった。十月からの狩猟期には二頭の犬を連れて猟にもよく出掛けた。鹿を仕留めたこともある。夏は馴染の長浜の漁師とよく舟釣りをした。官舎では、美濃紙の屑を紙縒《こより》にして織らせたのが二年の間に六反もできた。

●中将は、酒は嗜《たしな》むがその多きは望まないようだった。しかし在任中の二年の間、数多くの会合や行事に驚くほど丹念に出席した。たとえば、警察署や教員の会合、武道大会、農業品評会などには欠かさず出て、適宜飲んでいた。

舞鶴では私的な飲酒は控えたようで、「小松」の女将が聞いたら驚くとともに安心したに違いない。山本小松女将は長生きで昭和十八年に死去しているから、後年の東郷大将とはその後も会う機会は何度もあったはずであるが。

舞鶴での同居者は、テツ夫人と末娘八千代（上の息子たちは東京で勉学中）で、ほかにお手伝いの女性三人（下働きと小間使い）に、長官ボーイ（従兵）一人という構成だった。お手伝いさんが直接司令長官と話をすることはなく、部屋の敷居を挟んで日常的なことを伺うことはあるが、それも三つ指ついての聞き取りで、食事に関することは夫人が直接聞いたという。

舞鶴には東郷研究に関心の深い郷土史家（元舞鶴工業高専名誉教授・戸祭武氏ほか）による断片的な資料も残されていて、同じく東郷元帥が過去に勤務した呉、佐世保に比べ、逸話も多い。鹿児島からの芋焼酎を取り寄せたとか、酒に関する好みや注文を書いたものがまったくないのが惜しまれる。

フィンランドでビールのラベルになった東郷提督

いい話、愉快な話には尾ひれがつきやすい。この話もその部類で、かなり日本人により我田引水されているところがあるが、よその国に迷惑がかかるというものでもないので、ここで取り上げてみた。

「ロシアの圧政に苦しめられていたフィンランドは日本海海戦でバルチック艦隊を撃滅した東洋の小国に驚嘆し、日本の聯合艦隊司令長官東郷平八郎の名はたちまちにしてフィンランド国民の尊崇の的となった。ビール会社は日本海軍の戦勝を記念し、東郷提督をブランドにして〝アミラーリ・トーゴー（提督・東郷）〟を売り出した」

「日本海軍のバルチック艦隊撃滅は、のちのフィンランド独立（一九一七年）に結びついた。アミラーリ・東郷は独立運動の父として慕われており、トーゴー・ビールとしてビールの銘柄にもなっている」

「日本海海戦以来、フィンランドには子供にもノギとかトーゴーという日本人名を付ける親もいて、街の通りにも『東郷通り』が生まれた」

「フィンランドは親日的で、日本人と見るとアドミラル・東郷を知っているか、と話しかけてくる」

いずれも日本称賛が背景になっている。しかし、時代を経ると古い話や伝説も変化して、そのまま受け取られなくなってくることもある。否定的な証言も混じるから、後世において「真実」を探る難しさがある。

前記に関して言えば、「親日的で、日本人と見ると……」というのは一九七八年に実際にヘルシンキで体験した人の話らしいが、証言は後年のことのようである。もともと国全体が「親日的」というのは不確かで、「そう思った」という個人的印象——つまり主観かもしれない。日本海海戦がフィンランド独立のきっかけになったというのも、現代では否定的になっているようだ。

フィンランド製アミラーリ・ビールのひとつ、通称「東郷ビール」

フィンランドには日本大使館に防衛駐在官（アタッシェ。防衛駐在官については「ワイン」の章で詳述）として陸上自衛官が一名派遣されている。昭和末期の私もまだ現役中のこと、帰国したその元陸自アタッシェと何かの折りに話をする機会があった。フィンランド国民の中にはアミラーリ・トーゴーや日本海海戦を知っている者はたしかにいて、ヘルシンキの町中に「ここが東郷通り」と言われている所だと教えてくれた人もあったという程度だった。機関誌『東郷』に拙稿を連載中の昭和六十二、三年のことで、それからさらに三十年も経っているから、今ではさらに日本に対する知識や東郷元帥についての国民の認知度が変わったことも考えられる。

もともと「東郷ビール」というのは存在しないというのが近年の〝事実〟になってきていて、正直言って寂しくも感じる。私は、「東郷ビール」と言われていたものをこれまで何度か飲んだ。防衛庁共済組合（当時）が経営する自衛隊横須賀クラブでは海軍主計下士官出身の古谷重次支配人が意義のある隊員の会合のときの添え物として取り寄せていた。ラベルの人物像を見ると、軍服は西洋海軍の服装で、顔は東郷大将に似ているとも似ていないとも言えなかったが、〝東郷ビール〟として認識していた。だれもがそのつもりで飲んでいた。ビールはよほどの不味《まず》い地ビールでなければ素人では鑑別が難しい。私も「東郷ビール」の味は覚えていない。

どうしてもあのボトルをいま一度手に取って確かめたいと思っていたら、最近、思わぬところにあった。二〇一五年五月のこと、三郷市に住む栄養学校時代の先輩宅に栓を抜かないままの一本が飾り棚の中で長年保存されているのを見つけた。「誰にもらったのか覚えがない」と櫻井武志先輩は言いながら、「持ってっていいよ」と言うのでもらって来た。それが前掲の写真で、ラベルを見ると、たしかにどこにも「トーゴー・ビール」とは書いてない。ただし、ラベルの上部に「東郷平八郎提督への尊敬を表して」と日本文字が書かれているので東郷大将に関係するのは間違いない。昔私が見たのもこれだった。

櫻井氏夫妻は結婚式を東郷会館で挙げたと聞いたので、勝手な推測であるが、挙式の記念に一本もらって五十年近く保存していたのだと思う。

念のためその翌日、東郷会館（渋谷区神宮前、神社の付帯施設）へ行ったら、正面入口右手の飾り棚の東郷元帥のいくつかの遺品とともに同じ「東郷ビール」のボトルが一本置いてあった。色褪せたラベルは櫻井氏からもらったものと同じに見えた。

「東郷ビール」について、近年の情報を交えて整理すると、つぎのようになる。

●昔あった（日本で）「東郷ビール」と言われていたものはフィンランドのピューニッキ社が一九七〇年に製造・販売を始めた世界の提督（アミラーリ）の肖像をラベルにした「アミラーリ・ビール」で、東郷元帥だけを特定した記念的ビールではない。

●しかし、ピューニッキ社社長が来日の折りに東郷神社を参拝したという逸話も残っているので、社長も東郷元帥を意識していたことは間違いない。

●その後、ピューニッキ社は倒産してシネブリコフ社というビール会社に吸収され、ブランドもそのまま受け継がれたが、一九九二年に製造中止となった。

●二〇〇二年に地ビール製造のシネブリコフ社からライセンスをもらい、「アミラーリ・ビール」が復活するが、ラベルの日本文字は従来どおり外国（日本ではない）で印刷していた。

●現在（二〇一六年）でも東郷提督としか考えられないアミラーリ・ビールを日本で入手（ネット販売等）することはできる。日本の輸入業者がオランダ製のビールにアミラーリ・ビールのラベルを貼った復刻版で、記念艦「三笠」のある横須賀など地域が限定されている。

ざっと、このような纏めになるが、あくまでも私見である。我が東郷平八郎元帥を世界のアミラーリの一人としてフィンランドのビール会社が取り上げてくれたのがきっかけで話が拡大したが、日本人としては大いに喜んでいい、というのが私の「東郷ビール」感である。

東郷平八郎元帥を祀る東郷神社には奉賛団体・東郷会（昭和四十一年設立＝初代会長吉田茂）があって日本海軍の足跡や伝統を正しく伝えるための活動をしており、機関誌『東郷』も発行している。その『東郷』誌の昭和六十年二月号に「東郷ビール」についての記事があるのを見つけた。執筆者は元東郷会理事長の壱岐春記氏で、壱岐氏は兵学校六十二期の元零戦乗りだった。私は海上自衛隊現役時代に『東郷』誌に長年連載していた記事との関係もあって壱岐氏と親しくさせてもらった。「東郷ビール」の記事は誠実な壱岐氏が書かれたものだけに当時（昭和末期）の信憑性高い記述だと思われる。近年の「東郷ビール」情報は時代の変化とともに変わってきたのだろう。参考までに壱岐氏の文章を転載して紹介する。

フィンランドの東郷ビール

壱岐　春記

二十四人のアミラーリ・ビール

フィンランドのビューニッキ社は、「アミラーリ（提督）」というラベルのビールを製造している。そのラベルには二十四人の海軍軍人の肖像が一瓶一人ずつ描かれている。その提督の主なものを挙げると、つぎのとおりである。

東郷平八郎（日）／山本五十六（日）／ガスパール・ド・コリエ（仏）／ジョン・ラッシュワース・ジェリコ（英）／ステバン・マカロフ（露）／ホレイショ・ネルソン（英）／チビノ・ロジェストウェンシキー（露）／ミッシェル・デ・ロイテル（蘭）／アルフレッド・フォン・ティルピッツ（独）。

東郷、山本、ネルソン、デ・ロイヤルは当然としても、我が東郷さんに負けた露西亜のマカロフやロジェストウェンシキーまであるのが面白い。アメリカがいないのは不思議である。たぶん欧州大陸のフィンランドには米海軍は日本ほど馴染めないのかもしれない。

トーゴーさんを知るフィンランド

アミラーリのビールは、もう何十年も前から製品化されているとのことであるが、昭和五十八年七月に佐藤文生代議士がフィンランド政府から観光最高勲章を贈られ、その授与式に招かれたとき、このビールに出会い、感激して日本へ持ち帰った。

現在（注：本記事が書かれた昭和六十二年）は軍事大国ソ連と隣接しているので、表向きは友好を保っているが、この国は一八〇九年以来百年間ロシアの支配下にあり、大公国に位置づけられていた。その後、第一次世界大戦を機に独立したが、共産主義勢力との内戦、二度の対ソ戦などでおびただしい人命と領土がソ連に奪われた。そういう哀しい歴史を持っている国民であって、抵抗心が深層にあるとみられている。

日露戦争の頃のフィンランドはロシアの支配下にあって、バルチック艦隊が出港したクロンシュタット軍港はフィンランドの国土だった。同艦隊を見送ったフィンランドの学生、学者たちは、「ああ、これで日本もおしまいだ」と思った。

ところが、日本海海戦で東郷艦隊が大勝を博した。そこからフィンランド独立運動がおこった。独立に対する意志はたいへん強く、フィンランドでは当時生まれた子どもに、ノギ、トーゴーの名前を付ける親があちこちにいたと言われるが、この国では我が東郷平八郎元帥の名は中学校の教科書に登場し、国民の五人に二人はその名を知っているという。ビールのラベルに東郷元帥が登場するのも当然と言えよう。

ビール会社社長の東郷神社参拝

東郷ビールを製造しているビューニッキ社ムーベリー社長が、遠いフィンランドから来日して、神社に参拝された。参拝を終えたムーベリー社長は、「感動した」と述べ、「東郷ビール」の取り持つ縁が日本とフィンランドの心の興隆の一助になれば幸いだと語った。

東郷ビールを製造しているフィンランドのビューニッキ社では、東郷ビールのラベルに、日本文字で「東郷平八郎提督に敬意を表して！　フィンランドにて製造、100％モルトビール」と金箔の上に印刷している。これはフィンランドでなく西ドイツで印刷されていると聞いている。現在でも「東郷ビール」はないわけではない。製造会社や販売会社が権利を得て製造しているようで、ネット販売でも購入は出来る。三笠公園内の土産物店で見かけたこともある。

東郷元帥の肖像は、我々が見慣れたものとは異なるフィンランド風の軍服で白髭を生やしている。

その点、山本ビールのラベルは、山本五十六元帥の肖像を我が海軍の正装の鮮明な色彩を以て飾っているのでさらに親近感が持てるという違いがあるが、こちらはさらに出会う機会が少ない。

櫻井氏からもらった「東郷ビール」は四十年以上中身が封じ込められたままであるが、ウイスキーやワインではないので栓は開けずにさらに私の手元で永久（？）に保存することにした。

二人の酒豪提督・加藤友三郎と島村速雄

大正時代の日本海軍は軍縮や八八艦隊整備で、酒のエピソードも少ないが、あえて酒をよく飲んでいた海軍軍人を挙げれば、加藤友三郎と島村速雄だろう。二人は日本海海戦のときの聯合艦隊司令部参謀長と第二艦隊司令長官。兵学校七期の同期（明治十三年十二月卒業）で、生徒時代から気が合っていた。

芸州出身の酒豪・加藤友三郎海軍大将像(広島中央公園、ワシントン軍縮会議出席時の服装)

芸州出身の加藤は、明治期の聯合艦隊司令部参謀長としての名よりも大正時代の海軍大臣、総理大臣としての事績がよく知られる。とくに海軍大臣(原敬内閣)のときのワシントン会議・日本首席委員として、日本の八八艦隊整備計画をアメリカの五五三艦隊案を飲み、日本の国情から縮小した海軍大臣として知られる。

土佐藩郷士(長宗我部時代の家臣の末裔)の家柄の島村は土佐の風土からもいかにも飲みそうではある。兵学校時代から英才として知られ、「七期に島村あり」と評判を呼んだほど将来を嘱望され、若いときから海軍の主要配置を歴任するが、指揮官になってからも参謀や他の士官を立てて自分は黒子に徹するという人徳でも知られる名将。

どちらも酒どころの出身だからか酒にはめっぽう強く、ことあるたびによく飲んでいたらしい。加藤友三郎のあの飄々とした風貌からは酒に強いとは思えないが人は見かけによらないもの、ワシントン会議出席のため現地に着いたときアメリカの出席者が加藤を見て「病気ではないか」と心配したくらい痩身で血色の悪い顔をしていたらしい。ところが会議となると弁舌がたち、宴席ではよく飲むというので驚いたという。

その点、島村のほうは六尺におよぶ大男で、どの時代の写真を見ても惚《ほ》れ惚《ぼ》れするくらい恰幅がいい。酒豪と呼ぶにふさわしい偉丈夫。第二戦隊司令長官だった日本海海戦のときは直前に旗艦「磐手」で琵琶を吟じていたという逸話がある。

ここで両提督を出したのは、酒を飲んでもそれで失敗したとか、迷惑をかけたというエピソードのないところがあえていえばエピソードかもしれないということで紹介した。海軍の酒はこういう飲み方ばっかりだったらよかったのになあ、という意味もある。

人に迷惑をかけない、という例では大正後期から昭和の終戦まで海軍に心血を注いだ米内光政海軍大将もその手本といえる。

土佐出身の島村速雄海軍大将

米内光政大将の場合

米内光政大将は、「偉丈夫」と言われた提督だった。長身（百八十センチ）で、悠々とした物腰からか、兵学校時代は「グズ政」とも言われた。後年、山本五十六と撮ったよく知られる写真がある。山本もけして短躯ではないが、米内はたしかに背が高い。

米内光政海相と山本五十六海軍次官
（高木惣吉海軍少将縁者からの恵贈写真）

（上写真参照）

（写真は、三十年ほど前、米内、井上成美大将に信頼されていた筆者の郷里熊本県人吉市出身の高木惣吉海軍少将の親族、故・川越重雄氏から戴いたもの。ちなみに、人吉には高木惣吉記念館があり、岡田啓介、米内光政、山本五十六、井上成美等、昭和海軍の「良識」とされる提督たちの遺品のほか海上自衛隊の資料も展示されている。酒に関する展示品はない）

米内光政は勉強の仕方が違っていた。卒業成績も百二十五人中六十八番だったが、ものの見方が違っていたのだろう。やがて時が来て、頭角を現す。

米内は「一に酒、二に読書」と言われるくらいよく酒を飲み、読書をしたらしい。「同じ本を三回は読むこと。一回目は速読、二回目は精読、三度目は熟読」と言っていたという。「酒が米内か、米内が酒か」といわれるくらい速いペースで飲み、飲んでも顔色が変わらなかった、注がれる酒は全部飲んだという。飲んでも人に迷惑はかけない。こういう飲み方は花柳界でもモテる。山本五十六とともに圧倒的人気があった。

米内大将の酒にまつわる話は阿川弘之氏の提督三部作のうちの『米内光政』（上・下、新潮社刊）の随所に出てくる。

米内が大正十年ごろのことベルリン滞在中にポーランド駐在のためベルリンのフリードリッヒ・シュトラッセ駅に着いた前田稔海軍大尉（兵学校四十一期、のち中将）を出迎えたあと、ワルシャワの「フックル」という居酒屋でワインを飲む場面がある。

「米内の酒はピッチが早い。前田は遅い。（米内は）いくらでもグラスを空ける。しかし酔態は見せない。酒が入ればポツリポツリといろんなことを話す。話が出るまで十二時間はかかる」

ブランデーもよく飲んだようだ。ほどよく飲むとロシア民謡や長唄が出た、ともある。

ロシア民謡というのはロシア駐在武官時代のことだろう。珍しく深酒をした話もこのころのことと思われる。オデッサで飲んだあと、ロシアの士官たちを前に演説をぶったというのである。このときはウォッカをしこたま飲んだあとだったらしい。別の資料では、演説をぶったのはロシア士官たちを前にしてではなく、下士官たち相手だったと書いたものもある。

「陸奥」艦長時代に機関科少尉の長野敏が、「艦長は酒が強いと聞いていますが、飲んでつぶれたことはありませんか」と聞いたらしい。長野は兵学校卒業後、米内が艦長だった練習艦「磐手」で少尉候補生だったので米内との関係ができ、忌《き》憚《たん》のない質問をしたのだろう。

長野少尉の質問に対して米内は、「ロシアで一度だけウォッカをがぶ飲みして前後不覚になったが、それ以外はない」という答えだったというから、前記したことと符合する。

悪い酒の飲み方というのは、飲むと態度が悪くなる——たとえば芸者をからかう、乱暴になる、口が悪くなる、くどくなる、話をしなくなる、人の悪口を言い出す——いろいろあるが、ようするに、とくに酒席で女性に歓迎される人間というのはこの反対。米内も山本もそういう人柄だったようだ。山本は飲んでも小唄を唄うようなことはなかったというが、米内は酒席でよく洒落た長唄が出た。飲んでも酔っ払わないというので、銀座の芸者衆の間で賭けをしたことがあったらしい。米内を酔い潰してみせようと、自信のある芸者たちが数人挑んだがだれも米内を酔っ払わすことができなかった。

この話にはいくつかの出どころがあって、「米内長官のお相手をして酔っ払わせたら褒美をあげよう」という民間人の男がいて、「それなら……」と言って買って出たのが酒には強いと自認する照葉という芸者だった。

かなり時間をかけての飲み比べだったらしいが、寝込んだのは照葉のほうだった、とか、久奴という芸者が挑んだが手が震えて弾けなくなった三味線を投げ出して降参したという。

日本では普段は日本酒。家でも食事のとき、まず冷酒を一杯。頭をコップに近づけるのではなく、のけぞるような姿勢で一気に飲むのだという。飯は一杯だけ。これでは前に書いた丸橋忠弥みたいで、かえって終戦まで海軍の良識を通した海軍大将米内光政のイメージとは結びつかなくなるが、逆に一層の魅力も感じる。

私は終戦前年の五歳のときに東京から熊本の郷里に疎開してきたが、そのころ五歳の私が「ヨナイサン　ヨナイサンッテ　ミンナガイッテルケド　ヨナイサンテ　ドンナヒトナノカナア」と独り言を言っていたとつい最近叔母が言っていたから、戦争末期には米内海軍大臣に国民が一縷の望みをかけていたことが想像される。

その「ヨナイサン」……料亭でも飯は食べないが、酒なら二、三升は飲んでいたというから、半分割り引いても相当な酒豪だったようである。

しかし、米内という人は見栄を張ったり強がりを言う人ではなく、「家に帰ったら急に酔いが回って、自分で布団を敷いて寝てしまうんだ。前後不覚でね」と言うのを聞いたという話もある。

佐鎮長官（佐世保鎮守府司令長官）退任のとき、佐世保駅は芸者衆で黒山のようだったとか、横鎮長官のとき上海から米内を慕う女性（芸者）は横須賀までやってきてつきまとわれた話など逸話も多い。

米内大将は最期まで酒との縁を絶たなかった。戦争中の心労からか心身が衰弱したのは終戦間もなくで、それでも小泉信三慶應義塾大学塾長が、「注いでも注いでも終わりがない」と米内大将の飲みっぷりを記したものもある。発病してからの主治医が武見太郎病院長だった。武見太郎といえば戦後「ケンカ太郎」とも異名を取った在任二十五年に亘《わた》った日本医師会のドンであるが、米内の病状を診《み》て適量の飲酒を勧めたという。米内大将は患者として医師の言いつけを守った。米内大将の死は昭和二十三年四月二十日。享年六十八だった。

なお、武見会長は人脈を見ただけでも縁者や交流人物に大久保利通、吉田茂、近衛文麿、西田幾多郎、幸田露伴など錚々たる著名人が多い。昭和四十八年の防衛医科大学校創設にも当然、日本医師会会長として大学校設置にかかわっている。

余計なことであるが、私は昭和四十一年当時、海幕厚生課で衛生部と共同研究をしていて、医官から武見会長がどんなに権威のある人物か聞いていた。これから武見医師会長に、防衛医大設置の趣旨説明へ行く衛生部長に随行する医官の緊張した姿を思い出す。

酒豪ぞろいの砲艦

芳根広雄という兵学校五十一期の人がいた。終戦間近の昭和十八年十一月から兵学校教官を勤め、とくに十九年十月に入校した七十六期生徒の主任指導官として生徒たちに接した。芳根大佐は過去に井上成美大将の多大な薫陶を受けて、その教育方針を踏襲して七十六期生徒の教育にあたったようである。七十六期生徒が入校したとき、すでに井上校長は二ヵ月前に転出していたので直接の謦咳《けいがい》は受けていないが、その精神を受け継いで戦後も「兵学校生徒出身」として頑張った人が多い。現在でも約三千人の期友がいて、みな米寿を過ぎながら、いまだに活発なクラス会行事をつづけている。

七十六期の主任指導官だったその芳根大佐が戦後出版した著作のなかに『揚子江物語』（黄土社）というのがある。七十六期の人から最近その本を寄贈されたので何気なく開いたページに砲艦「比良」という揚子江警備を任務とする砲艦乗り組みの体験談があって、そのときの艦長が「前田稔中佐」とあるので、前出の米内光政大将が中佐時代にドイツで意気投合してよく一緒に鯨飲したポーランド駐在武官前田稔大尉であることがすぐにわかった。

砲艦というのは下駄ブネとも言い、底が浅く、トン数も小さい（「比良」は三百四十四トン）が国威を示す格の高い船なので菊の御紋章が付けられていた時期もある。艦長にエリートの前田中佐を配置したのも昭和四年ごろの国際情勢と中支の混迷状況が反映されている。

艦長は中佐でも、そのあとになると士官は五、六人で階級も低くなる。芳根広雄氏も「比良」で勤務していて（当時は大尉）、先任将校だった。前田艦長からは食事のときによく米内大佐（当時）の話を聞いたという。米内大将がいかに大酒飲みだったかの証明にもなるが、前田中佐自身が無類の酒飲みだったようで、ドイツでの話も符合する。

前田艦長は鹿児島出身で、「子供のときからお茶代わりにイモ焼酎を飲まされたものだヨ」と酒席などでよく話したともいう。ポーランド勤務のとき、あるロシア海軍士官が「何か書いてくれないか」というので色紙（？）にしたためたのは、ロシア語で「酒は百薬の長なり」だったというくらいだから人物が想像できる。

こまかいことには拘泥せず、「大人の風格を備えた」（芳根氏記）酒好きの艦長だから艦内の空気も明るく、〝艦長の指導〟で、毎週土曜日には胃腸の大掃除日と称して士官総員が士官室で大酒宴を催すのが恒例となっていた。宴会の段取りをする主計長戸来三郎主計大尉はもとより、機関長西村盛雄中尉、軍医長柴部光右エ門軍医大尉も斗酒なお辞せずの口で、揃いも揃って酒豪ばかりのフネで、しかも同型砲艦の「保津」「堅田」「勢多」とともに「比良」の親部隊の第一遣外艦隊の司令官が米内光政少将ときているから、集まっては飲むとい

揚子江を航走する砲艦「比良」(比良主計長戸来三郎大尉画、芳根広雄著「揚子江物語」から。76期クラス会提供)

う「揚子江警備」で、前田艦長のおかげで艦内の雰囲気もよく乗組員が一致協力して任務に励んだと『揚子江物語』に書かれている。

前田艦長は、宴会が終わると風呂に入るのが定まりで、軍医長から「大酔しての入浴は血管や心臓によくない」と警告するが、おかまいなしだった。艦長のねらいは、士官ばかりでなく下士官兵にも娯楽の少ない外地での勤務に潤いをあたえ、士気を高めようとしていたことにもあったのかもしれない。

酔いどれ潜水艦艦長の武勇談

この潜水艦艦長の武勇談はあちこちで聞いているが、短篇逸話集『日本海軍風流譚』(ことば社)の坂本金美元海軍少佐(兵学校六十一期、旧姓抜井金美)の筆になるものが面白いので抜粋して紹介する。

昭和十四年度の艦隊訓練を終え、水上艦艇、潜水艦部隊、総勢ほぼ同時期に訓練泊地宿毛湾を出港した。

伊１号と同型艦の伊３号潜水艦

ところが、潜水艦の一隻だけは「揚錨機故障」の信号旗を揚げたままで動かない。伊五四潜水艦で、じつは艦長が昨夜上陸したまま帰って来ないのだった。

艦長は安久栄太郎少佐（兵学校五十期）で、日常の職務は勇猛果敢、上級司令部からの命令にも忠実で、操艦にも長《た》けた名艦長との評判も高い。ところがこの名艦長、酒を飲みだすと何日でも飲みつづける。フネへ帰るということを完全に忘れるらしい。海軍省の要注意人物ではあったらしいが、同期生が懸命に助命運動をして首の皮一枚で生き延びていた。こういう人がいざというときには力を発揮する（ことがある）。

太平洋戦争開戦劈頭では、前よりも大型の伊一号潜水艦艦長で、伊一が所属する第二潜水戦隊はハワイ周辺での監視の任務に就いていた。大晦日の夜にヒロの港湾を攻撃、元旦にはオアフ島南西海面に移動し、米艦への襲撃を繰り返した。米軍の厳重な警戒をかいくぐっての浮上、潜航はまるで普段の演習と同じだったという。

正月二日には何ごともなかったようにクェゼリン（マーシャル群島）の基地に移動した。

昭和十七年二月一日のこと——伊一潜先任将校だった抜井大尉の寄稿によれば、久しぶりに帰った小田原の自宅から横須賀の潜水艦に帰ってみると、航海長が、「先任将校、艦長が居ません」と言う。

艦長は横須賀に入港すると真っ直ぐ馴染みの小料理屋へ行って飲んでい

たというので、そのときは、逗子のクラスメートの家で奥さんが待っているから、と横須賀駅まで航海長がたしかに送ったと言う。しかし、横須賀線に乗らないで人力車でまた飲み屋のほうへ引き返して行ったので、航海長はまたまた艦長を捜索したが、発見できなかったという。

「それなら俺が探そう」と、抜井先任将校が若松町界隈を一軒一軒探索していったら、十軒目くらいの待合で艦長を見つけた。

こういうときに「艦長、もう帰りましょう」と言うと絶対抵抗するのを知っているので、「まあ、飲め」と艦長から誘われるまましばらく一緒に飲んで、やっと電車に乗せたという。逗子駅でちゃんと降りたらしい。

しかし、この酔いどれ艦長は戦争末期になるとさらに上からの命令に忠実に、本来、潜水艦の使命である索敵、攻撃ではない、宅配便のような糧食や機材の輸送――実際、「丸通」と呼んで潜水艦部隊からは嫌がられた――にも功績を上げた。「今度は生きて帰れないかもしれない」と言いながら、めったなことでは「できません」とは言わないところがこの人の持ち味で、連合艦隊司令長官から感状もあたえられた。

しかし、ラバウルの街でも一升瓶をぶら下げて歩いている姿をよく見かけた者が多い。出撃の命が下ると、手慣れた士官が探し出して艦に連れ戻し、出港すると人が代わったように勇敢になった。その後、大佐に昇進して教育部隊の第三十三潜水隊（呉）司令になるが、兼務の呂六四潜水艦艦長として出港したとき広島湾で機雷に触れ殉職した。

艦長安久栄太郎（最終階級海軍少将）の姓の読みは「やすひさ」が正しいようだが、皆からは「あんきゅう」と呼ばれていたようである。

抜井元少佐の思い出話を読むかぎりでは、「そんな飲んだくれの人間がよく海軍将校として務まったなあ」と思うが、人にはそれぞれ長所短所がある。安久艦長の場合は酒の飲み様が異常だった。実際の勤務がどうだったのか、さらに調べてみた。殉職後とはいえ海軍少将となったくらいだから生前の戦功には目立ったものがあったに違いない。もともと潜水艦乗りや駆逐艦乗りには兵学校時代の成績が振るわず、それが禍《わざわい》して海軍将校として第一線からはずれるという、日本海軍の人事管理上の欠点として戦後よく指摘される。

米内光政海軍大将のように、兵学校卒業時の成績が百二十八人中の六十八番という平均以下の評価を受けながら、戦争中の大切な時期に海軍大臣や首相を務めたというのは稀有《けう》のことである。

安久栄太郎少将

安久栄太郎艦長の場合は、酒を飲むと部下たちに迷惑をかけたり心配させるという点でかなり度が過ぎるが、乱暴になったり、職務を忘れるという悪い酒癖ではなかったのがよかった。飲むとやたらに部下を殴る艦長もいた（後述）が、それとは違う。安久は緒戦の真珠湾攻撃、その後のミッドウェー海戦を始め、陸戦隊救出等でも数々の武勇がある。昭和十八年には艤装員長からそのまま伊三八潜水艦艦長として二十三回にも及ぶ輸送作戦に成功している。酒を飲んでいるときが充電時間だったのかもしれない。潜水艦には充電が欠かせない。根っからの潜水艦乗りだったのだろう。

飲むとやたらに部下を殴る司令

前出の瀬間喬元中佐の著書『続々・素顔の帝国海軍』に、酒を飲むとやたらに士官を殴る司令の話がある。この本のタイトルが『続々……』となっているように海軍主計士官だったときの体験などをまとめた本が数冊あって、どれも愉快であるとともに、主計科という兵科士官にはない裏方業務の実情がよくわかる。海上自衛隊がひところ遠洋航海のとき日本酒として「大関」を大量に契約していたのも海軍時代からの縁が同氏の著作でわかる。

『続々・素顔の帝国海軍』にあるのは、つぎのような話である。

ある駆逐隊司令は酒を飲むと〝芋を掘る〟癖があって、部下である駆逐艦長を始め乗り組み士官でも盃を投げつけたり椅子をひっくりかえしたりの横暴があるが、なにせ部隊の最高指揮官であり、柔道六段の猛者なのでだれも手をつけられない。一面では、そのときによってはものわかりがよく、あるとき午前零時を過ぎているのに「従兵、酒を持ってこい」と言うので、先任将校が、「司令、今日はやめましょう。明日の訓練に備えて従兵も休んでいますから」と言うと、「わかった」と素直なところもあるが、普段は油断できない。

司令がこんなふうだから隊の士官たちはみな司令を煙たがっているが、戦闘になるとこの司令、じつに勇敢だった。他の部隊が嫌がるガダルカナルへの輸送もみずから買って出て十数回も出動し、成功している。前項の安久潜水艦艦長と似たところがある。

同書にはほかにも芋ほり（悪い酒癖）の実例が紹介してあるので、そのいくつかを抜粋する。

「やたらに殴る」と言うと今では職場でも家庭でも大問題になる。多少、時代感覚の違いがある。海軍でもやたらな暴力があった時期がある。兵学校でも明治初期は〝武士〟の面打は最大の屈辱という封建時代の名残があり、アーチボルト・ドウグラスがイギリス式に「生徒指導には殴れ」とアドバイスしたとき、中牟田倉之助（兵学頭）は武士の風習を説明して、これを断固拒否したことがある。兵学校（機関学校、経理学校とも）でも教官が生徒を殴ることはなかった（いくつか例外はある）。〝修正〟は上級生によるものであるが、それを任せた学校指導部にも責任はある。時期によって手荒い修正を受けたクラスと、そうでないクラスがある。自分が三号のときひどい目に遭ったので一号になったとき、その意趣返し（？）をする者と「自分はああいうことをしない」と決めた者もあるようで、つねに校内暴力が横行していたわけではない――私は兵学校出身の人たちからそう聞いてきた。

瀬間氏は、経理学校でも部隊でもやたらな暴力があったように見えるが、たちの悪い私怨とか根深い理由ではなく、とくに生徒期の〝修正〟は卒業すると互いにきっぱり忘れるものだった、と書いている。それでなければ「海軍はじつにいいところだった」とも書くはずはない。

とはいえ、瀬間氏が上海にいたころ、第三艦隊の某参謀長は「乱暴長」と言われるくらい、酒を飲むと得意の柔道で士官を投げ飛ばしたり、頭に噛みつく癖があったという。オレの頭が剥げているのはあの参謀長に齧《かじ》られたからだ、という機関科士官もいたらしい。

筆者が指導を受けた同郷の
元海軍主計中佐瀬間喬氏

普段は気さくでものわかりがいいが、酒の量がある一定量に達するとジキルからハイドのように、ガラリと人が変わる——酒飲みのもっとも悪いタイプ。

瀬間氏は、やはり酒癖の悪いある艦長から乗艦中百回くらい殴られたという。十回くらいでも被害者のほうは百回くらいに感じるのかもしれないが、「百回」と書いてある。たまりかねて、あるとき木製の新聞挟みが折れるくらい殴り返したことがあったというが、翌日には互いにケロッとなるのが普通だったという。

乗り組み士官が艦長を叩くのは想像しにくいが、戦争中のことでもあり、殴ったり殴られたりすることが一種のカタルシス（浄化のための触媒？）になっていたのかもしれない。酔いどれ潜水艦艦長も、やたら殴りの隊司令もみな戦死したようで、死んだから許せるという気持ちもあるのかもしれない。いずれにしても、暴力はいいことではない。

類似の話はまだたくさんあるが、いちいち紹介すると「海軍と酒」はすべて「暴力」につながると誤解されるといけないが、すこし「芋掘り」のことにふれる。

海軍式芋掘りの実際

この「芋掘り」、今でも鹿児島では通用する言葉である。私も鹿屋でよく聞いた。鹿児島名物のかるかん饅頭の原料には自然薯《じねんじょ》（天然の山芋）がいちばんいいが、自然薯は曲がりくねっていて、無傷なままを掘るには根気が要《い》る。転意して、しつこい、駄々をこねる、クダをまく意味になり、酒癖の悪い人間を指すようになったというが、もっと具体的な酒飲みの態様を表現したものともいう。幕末の志士たちのなかには、飲みまくっては狼藉《ろうぜき》をはたらく者がいた。飲んだあとはイノシシが芋畑を掘り繰り返したあとのようになるので「芋を掘る」になったともいう。タコもサツマイモが好物で、夜中に海辺の芋畑を荒らすので、それから来たともいう。

海軍の芋掘りは、明治時代はまだおとなしかったが、昭和時代には手荒くなって、「ブツブツ言うなんて生やさしいものではなくなった」と書いたものがある。幕末の志士や新撰組のようなもので、ちょっと気に入らないことがあるとお膳をひっくり返す、畳を引っ剥がす、床の間に小便をするような乱暴狼藉もあった。

手塚正己氏の『海軍の男たち』（ＰＨＰ研究社刊）にもその状況を書いたところがある。

「料亭のほうではイモ掘りを見越して、若い士官には特別に汚い――彼らがそうしたのだが――座敷しか使わせなかった。畳表はボロボロにささくれ立ち、ふすまや障子は破れ放題、床の間にはロクなものが置いてなく、酒器や食器は壊されてもいいような安物しか出さない。興が乗ると、障子に体当たりして人形《ひとがた》の穴を開けて喜ぶ。（中略）嵐のように暴れた士官が去ったあとの座敷、さながらイモ畑を掘り返したような荒れ放題になる。海軍創設期の士官の多くがサツマイモの産地である薩摩出身だったので『イモを掘る』と名付けたそうだ。また、タコ（士官）は夜間に陸（レス）に上がってイモを盗むという話から、『イモ掘り』の名称が付いたという話もある」

情景がわかりやすいので手塚氏の原文をそのまま引用させてもらったが、この数行の文のあとに私が海上自衛隊現役中にお世話になった経理学校三十三期出身の槇原秀夫氏の武勇伝が紹介されている。

槇原元呉総監は広島一中時代から英才として知られ（昔、古老から聞いた）、昭和十五年十二月に海軍経理学校に入校した。昭和十九年四月は中尉で、戦艦「武蔵」の主計士官（主計長ではなく、庶務主任レベル）だった。「武蔵」は三月のパラオ沖海戦で雷撃を受け、大穴を開けたまま二十九日に呉に帰り呉工廠で修理中だったが、候補生の任官祝いを兼ねて通称「フラワー」（料亭華山）で士官室の大宴会をしていた。

そのうち酒の勢いで、何のはずみか知らないが艦長の朝倉禮次郎大佐と槇原中尉が座敷の真ん中で取っ組み合いの喧嘩を始めた。槇原中尉は短躯（実際、海上自衛隊時代も豆タンクとか槇原天皇とかの愛称があった）ながら柔道の心得もあり、最初、艦長を一本背負いで投げ飛ばした。そのあとまた組み技になり、今度は槇原中尉のほうが一回転するくらい体が舞い上がって畳に投げつけられた。それで終わったらしい。

槇原氏は平成十八年六月に死去（八十一歳）されたが、その十四、五年前に二度ほど広島の金座街の料亭で会い、昔話を聞く機会があった。「武蔵」での武勇伝も知っていたので、聞くと、「あれはね、どうということはなかったんだ。飲んでるうちに艦長とちょっとした口論になって、こっちがちょっかいを出したのがもとで、そんなら来い、ということになってネ。海軍士官の宴会なんてそんなものさ」と持ち前の早口で笑って話してくれた。

こういう、飲んで当人どうしの取っ組み合いの喧嘩ならあまり迷惑ではないが、料理屋や料亭に大迷惑をかける「イモ掘り」があったようだ。そのいくつかの例が『海軍の男たち』にある。登場する士官の中には名前だけでなく、私の海上自衛隊時代に訓辞を聞いたり姿を近くで見たりした人もいるのでなおさら身近に感じる。

手塚氏の本を読むと、舞鶴の料亭「白糸」なども海軍時代にはずいぶんと海軍（とくにケプガン士官）の迷惑も被ったことが察せられる。兵学校や機関・経理学校を出たばかりの士官というのは二十二、三歳で、意気は高いが軍人としての自尊心も強い。世間知らずで戦時とくれば少々のことは許されると思っている者も多かったのだろうか。今なら警察沙汰になるようなことで、ハラハラする。

酒と人事考課

人事考課とは、定期的に、また、転勤など特別事情があるときに上司が勤務成績を記録する人事管理で、海軍では、多数の士官・下士官兵を対象に極めて合理的に行なわれていた。現在の海上自衛隊も旧海軍の人事考課法をほぼそっくり踏襲している。私が自信を持ってそんなことを言えるのは二等海佐時代に海幕人事課補任班という、とくに幹部自衛官にとっていちばん関心が深い転勤、昇任に関係する業務に従事した経験から得た所感である。退職した者でも組織の人事に関することは喋ってはならないが、海軍の人事制度を継いだ海上自衛隊の人事管理が優れているという話なら問題ないと思われるので、酒と人事評価を直接結びつけるには無理を承知で少しふれておきたい。

海上自衛隊定年退職後、ある私学で副校長として八年間、人事管理責任者を務めたとき大手の民間企業などはどのような勤務評定をしているか調べたことがある。

人事とは、本人の勤務意欲（モラール）を向上させ、組織も発展するように管理するというのが最大の目的であることは言うまでもない。そのためには適材適所の人事配置が必要であり、さらにそのためには平生の勤務ぶりを公正な立場で記録しておく必要がある。人事考課表とはそのための個人記録で、カルテのようなものである。

考課表には、まず本人申告欄（現在は自己記入欄）というのがあって、先に本人（被評定者）がそこに「配置希望」などを少し書いてから上司に提出する。希望を書いたからといって容《い》れられることはまずないが、表の提出は「評定される」という自覚になる。それをだれが（評定官）記すかも本人の階級や組織によって決められていて、たとえば、巡洋艦乗り組みの中尉くらいの機関士の場合、その直属上司の機関長が評定官として考課表に直接記入する。巡洋艦には砲術科や航海科などいくつかの職域があって、それぞれに同じ階級の士官がたくさんいるので、同じフネの中での勤務態度に順位を付ける必要がある。その権限を持っているのが艦長で、調整官という。副長は調整官を補佐する役目があるから、ようするに若手士官でも上司や上級者から日頃の勤務や生活態度を見られているということである。艦長が順位を付ける前に勤評会議があり、個別の艦で決定した人事評価表はさらに上級組織の戦隊司令（審査官）へ提出され、さらに連合艦隊司令部を経て海軍省人事部へ届けられ本人が在隊する間、厳重に管理されるということになる。戦争のときも人事は戦力であり、手を抜くことはなかった。

　考課表には、人物評価として評定官や調整官、審査官が記述する欄（評定欄）のほかに、性格や性向に印を付ける欄もあり、すでに印刷されている。「明朗」とか「陰気」とか、会ったことがない上級者でも被評定者の人物像がある程度イメージできる事項が細かに挙げてあるが、健康診断表ではないので、酒は、「毎日飲む」「時々飲む」「飲まない」などとは書いてない。したがって酒について書こうとすれば、人物評価欄に「飲酒のときだけ明朗」とか「飲酒で極端にくどくなる」くらいは書けるが、よほど度が過ぎて酒癖が悪い人間でないかぎり酒のことは書かれなかった。

評価は簡潔明瞭に書くのを旨とされた。海軍はとくにまわりくどい表現を嫌う。阿川弘之氏の『海軍こぼれ話』（光文社）にも「考課表」のことが書かれていて、「評価（評定）」は官僚的に回りくどい曖昧な表現をするな。俗語を使ってもいいから、具体的に書け」とされていたとあり、「頭はいいがドスケベなり」とか、「いわゆる泣き上戸。大酒飲んで士官室では泣いて上官にからむ癖あり」とか書けばどんな人物かわかりやすいというようなことが書いてある。

酒ばかり飲んで、仕事もいい加減というのでは評価記号は甲乙丙の「丙」で、順位（序列）も五人中の五番目とか十分の十になるが、酒を飲むとだらしないが普段はいい仕事をするという人物は評定官も、調整官も書き方に苦心する。「アイツは酒を飲まなきゃいい男だがなあ」とか、「酒も飲まない仕事の虫のクソ真面目。素行も石部金吉」など、人物評の仕方もあるが、人事考課は被評定者の勤務、日常生活、性格、実績など総合的判断で評価されることであり、酒だけで考課が上がったり下がったりすることはなかったと考えてよい。

「酒にだらしない」は大目に見られても、「女にだらしない」が過去五年間にわたって、違う評定官がみな同じことを書いてあったら要注意人物として人事部は配置発令を考えるが、「女」にしても人に迷惑をかけない遊び方――ようするに、遊興的職業を担う女性――なら、マイナス要因になることはなかった。海軍には「エスプレイ」「プラム」「アール」など隠語があるが、日本語ではいいにくいときは堂々と隠語で会話した。「ゴッド」は料亭などのおかみ（神＝ゴッド）の類いだから英語とは関係ない。俗語の「義兄弟」は「ホールメイト」と言ったりした。説明は憚《はばか》る。

ある程度の酒も「元気があって良い」のだろうが、前記の安久潜水艦艦長など、当時の考課表にどのように書かれていたのかわからないが、酒癖の悪さだけで芽を摘んでしまわなかったのがよかった。

海軍の人事考課法が優れていたこと、それを継いだ海上自衛隊の勤務評定法が合理的であると前記したが、それは私が後年、ある陸海空（三幕）の共同部隊の責任者をしていたとき、百名以上の評定をするにあたって、慣れた海上自衛隊方式の勤務評定とともに陸上自衛隊員、航空自衛隊員の評定をそれぞれの様式と要領にしたがって処理して感じたことである。

評定の記入は各自衛隊とも直筆でないといけないのは当然であるが、それぞれの記入要領に違いがあり、重要な人事管理資料だけに誠意を尽くして時間もかけてその配置在職中、二度苦心しながら書いた思い出がある。人事考課は誰でも誉めればいいものではなく、それを読む調整官や審査官の段階で、「この評定官は誰でも褒め上げる癖があり、評定能力が疑わしい」などと逆評定されることもあるから、公正な立場で、被評定者の将来を考え、向上するような表現をすることが大事である。

共同部隊での勤務評定のとき感じたのは、ひいき目に見ても海軍式評価法を受け継いだ海上自衛隊方式が人事考課法としてはもっとも優れているということだった。陸海空とも酒癖の悪い隊員が皆無だったのはさいわいだった。

阿川氏の同じ本に、「論語孟子を読んではみたが、酒を飲むなと書いてない　ヨーイヨーイ、デカンショ」――海軍に入るずっと前の旧制高校時代のことらしい。広島の町を唄って歩いたらしいが、海軍に入ったのは戦争中（昭和十八年）で、あのころ予備学生から少尉になった阿川氏には聞いていたような海軍士官風の酒にあやかるチャンスはもうなかったようだ。

飛行機でのアルコールの効用

飛行機乗りも酒を飲むのには変わりはない。昭和初期には航空医学や航空糧食の研究からアルコールの効用について真剣に実験を繰り返したくらいである。

手元にある昭和十年発行の経理学校の『主計会報告』という機関誌の一項に「航空糧食について」という研究報告書がある。機上で食事を取る必要性が生じた昭和六年ごろから主計畑では航空弁当を研究していた。その基本的条件は、「消化吸収佳良なるもの」「食欲増進に繋がるもの」「気力を振起せしむるもの」「胃内停滞時間は知覚遅鈍ならしむるため半流動性食品を可とす」「片手で、崩れず、噛み易きもの」……等々、いくつかの条件を満たす食べもので実験を繰り返した。弁当は握り飯、サンドウィッチ、握り寿司、海苔巻、稲荷寿司、ビスケット、お粥《かゆ》などで、飲み物は、牛乳、日本茶、コーヒー、紅茶、ウィスキー、ブランデー、甘酒、ラムネ、カルピスなど。甘味品に羊羹、チョコレート、ドロップス、ウィスキーボンボン、シェリー酒など、手当たりしだいに研究の対象にした。

大正末期から諸外国でも航空食研究をしていて、イギリスのマクミランという少佐の来日（大正十三年）とピネード中佐というイタリーの飛行士が来日したときはコニャックやブランデーのようなアルコール度の高い酒を積んでいるのがわかり、空を飛ぶときは寒いから体を温めるための飲み物かと思ったらしい。当時の飛行機は暖房もなく、上空はマイナス十五℃の吹きさらしで、握り飯でもサンドイッチでもすぐにカチカチに凍った。アルコールは凍らないから歓迎された。

戦後米軍から貸与されたＳＮＪ。黄色の機体から「日通」と呼ばれた。筆者も鹿屋で体験飛行した懐かしい練習機

魔法ビンは開発期だったが、かなり性能がアップしていて魔法ビンに詰めた梅干し粥は好評という試験結果だった。

スープや牛乳のようなほとんど水分のものは機上での生理作用に影響するので避けた。蛇足であるが、機上での小用は操縦席の脇に蛇腹風のゴム管があり、我慢できなくなったらそれにモノを突っ込んで済ますというやり方で、どの国も同じだった。海上自衛隊時代、初期の練習機はＳＮＪという米海軍の訓練機を使っていたが、私が幹部候補生のとき（昭和三十九年）、鹿屋の航空実習での体験飛行の際に説明してもらったのを覚えている。なぜ、そんなことをよく覚えているのかと言うと、その教官が言うには、数日前に鹿屋の高等学校の女子生徒への飛行機見学があって、操縦席に座った女生徒が、そのゴム管を引っ張って口元に近づけて、「これで後ろの人と話をするのですか？」と聞かれたのだそうで、「それはオシッコ用で、伝声管ではない」とは答えられず、「そうそう」とだけ言ったと笑っていたからである。

ブランデーは応急用の医療品だったが、日本でもこれにならって、コニャック、ブランデーを搭載するようになった。「こんにゃくは積んだナ？」と念を押す飛行士もいた。また、機上食試食を終えて降りてきた操縦士がまっさきに言った所見は「ブランデーが足りない」という注文だったらしい（『主計会報告』）。

予科練での深酒の失敗が戦後は感謝に

海軍での飛行操縦士養成には学歴、年齢によっていくつかのルートがあったが、飛行予科練習生――いわゆる予科練には応募者が多く、適格性をクリアしたあとも厳しい訓練を経て飛行機乗りとなる戦前戦中の若人の憧れだった。「七つボタン」の愛称でも知られる。

昭和四十七年ごろ、私が横須賀補給所勤務のときの先任海曹が元予科練出身だった。そのM一等海曹からの又聞きを受け売りするだけの話ではあるが、「そういうこともあるのか」という印象を受けたので「海軍と酒」の一話として紹介する。

昭和十七、八年になると海軍徴募兵には航空希望が殺到した。背丈基準も陸軍より厳しく、さらに視力は兵科の水兵以上なので、予科練に合格するのは極めて狭き門だった。

海軍航空隊が花形だったのは、その歴史にある。

明治末期に陸軍との気球の共同研究が海軍航空の発祥となるが、大正元年に海軍はフランスとアメリカから四機の水上機を購入したことから急速に発展する。大正元年十一月の横浜沖観艦式では海軍のファルマン機とカーチス機が飛んで見せただけ（飛行模様は現在、江田島の教育参考館所蔵の和田香苗画伯の絵で見ることができる）だったのが、大正十一年三月には初の海軍航空隊が横須賀に開設、八月には艦上雷撃機（三菱一〇式）が完成、九月には最初の空母「鳳翔」が竣工、十一月には霞ヶ浦航空隊が開隊した。

その途上の大正六年に、それまでパイロットは士官だけだったのが門戸を開放し、下士官・兵の操縦士を養成するようになった。下士官・兵の搭乗員誕生で、食事の面倒を国がみる必要が生じた。そのためこれに追従して主計畑が機上での食べものや飲みものの開発に着手する。しかし、空の上でのメシは簡単ではない。具体的な開発は大正十四年に始まり、研究は昭和十年までつづいた（詳細は拙著『帝国海軍料理物語』光人社ＮＦ文庫参照）。

飛行予科練習生制度（予科練）は昭和五年六月の第一回採用試験で始まっている。十五歳以上十七歳未満（のち一年緩和）の受験資格で、定員七十九名の採用に対して応募者はその七十四倍だった。受験者の倍数は年々増加し、戦争になるとさらに増加した。

長々と海軍航空の歴史を書いたが、そういう難関をくぐって霞ヶ浦や土浦で教育を受けることになり、十八年のM一曹の友人も日々の訓練に邁進していた。

教程が進み、初飛行の日がやってきた。駐機場で教官が練習機のコックピットの注意事項を達するため試乗する練習生を集めて、「ここを見ろ」と言った。数名の練習生が顔を突っ込んで中を覗いた。そのとたん、教官はやたらに酒臭いにおいに気づいた。

「だれだ？　飲んでるのがいるな？」

このひと言が命とり。即練習生罷免になった。前夜よほど飲んでいたのだろう。M一曹が言うには、「彼はがっくりきてましたが、主計兵にまわされたあと、横須賀で元気で終戦を迎えましたよ。今でもときどき会うけど、あの前の晩に深酒していなかったら特攻で死んでいたかもしれない。言っちゃ悪いけど酒のおかげで戦死しなくて済んだ。だから酒には感謝してるんだ、と言っていますよ」ということだった。

予科練の訓練風景

M一曹と一緒に飲むとかならず「♪若い血潮の予科練の七つボタンは桜に錨 今日も飛ぶ飛ぶ霞ヶ浦にゃでかい希望の雲が湧く……」と『若鷲の歌』――いわゆる予科練の歌が出た。予科練は青春そのものだったようだ。

練習生罷免にはオーバーもあったらしい。

昭和三十年代に第一術科学校で調理の教官をしていた伊藤喜代治二等海尉は戦争中やはり航空練習生で、「草薙の剣と言って、原っぱを航空母艦に見立てて着艦訓練までやれる腕になってたんだけどナ、体重がありすぎて燃料がもったいないと言われて主計科にまわされたんだ」と言っていた。

この人の調理の腕は料理の鉄人のようにすばらしいものだった。日本料理から西洋料理、デザート作りまで、どこで修業したのだろうか、と思うほど優れた腕前だった。たしかに大柄で恰幅もいいので、「コートを着ていて階級章がわからないからか、今朝、一尉がオレに敬礼したぜ」と言うこともあった。私はこの人からずいぶん多くの料理を教えてもらった。日本酒が好きで、水戸出身だと言って、水戸浪士の話になると目を輝かせた。海軍の飛行機乗りはみな酒が好きだったとは断定できないが、旧海軍の人たちともよく飲んだのでなんとなく職域の体質的違いがわかる。とくに戦争中の飛行機乗りには共通する雰囲気が感じられた。

鹿屋の旧海軍航空隊本部庁舎（2015年解体）

海軍航空隊式無礼講

その雰囲気の代表が「無礼講」。

海軍航空隊の無礼講の風習は海上自衛隊になっても伝承されていた時期がある。

鹿屋航空隊の錦江湾での飛行訓練(垂水で撮影された昭和18年ごろのもの)

昭和五十年代初めの鹿屋航空隊勤務をしていたとき、ときどきあきれ返るほどの騒ぎようが目に写った。市内にはまだ海軍時代からの小料理屋「雄飛荘」が健在で、場所柄からか海軍時代に帰ったのではないかと錯覚するような騒がしさだった。女将さんも慣れたものなのか意に介さなかった。飛行機乗りや潜水艦乗りは勤務時間外は家族的な雰囲気があり、とくに酒を飲むときは勤務上の上下関係が薄れてたしかに無礼講に近くなったようだ。

それでも航空隊の宴会はいつも無礼講というのではなく、忘年会のような節目のときに、「今晩は無礼講です」と幹事が先に断わっていたから、事前に副長を通じて調整しておくのが海軍式だったようだ。

しかし、無礼講といわれると調子に乗る者もでてくる。

鹿屋の錦江湾に面した垂水市の海軍時代からの料理屋で、あるとき、いつもの騒ぎの果てに、普段言えないことを群司令にクドクドと言い出したパイロットがいた。群司令は温和な人なので静かに聞いていたが、セサ(首席幕僚)が、見かねて、「いくら無礼講でも少しはわきまえろ」と手厳しく注意していたことがある。海軍時代の無礼講は言動ともに相当なものだったらしい。水盃で出撃する日が来ることもある航空隊のガス抜きだったのかもしれない。

無礼講といえば、雲水の厳しい修行の中でさえ〝無礼講〟の一夜がある。この話は少しあとに記すことにしたい。

戦時中のサントリー角瓶余話

ウィスキーの項で、戦争中は海軍でウィスキーといえばサントリーの角ビンだったと書いたが、つぎに紹介する新参少尉の体験談はそれを証明するような思い出話なので、エピソードというほどではないが引用した。出どころは『日本海軍風流譚』（ことば社）。

兵学校七十一期の名簿を見ると吉田弘俊という名がある。このクラスは五百八十一名中三百二十四名（五十五・八パーセント）が戦死している。この前後の卒業者はどの期も平均的に半数以上が戦死している。卒業は戦死への門出でもあった。

七十一期生は十七年十一月に卒業すると少尉候補生として部隊実習のあと十八年一月なかばに部隊に配備された。吉田候補生ほか六名は戦闘で大被害を受けて呉工廠で修理中の重巡「筑摩」に配備された。

修理が終わる予定の半月前に艦長（重水大佐）に吉田候補生ほか二名が呼ばれ、「横須賀の砲術学校で一週間勉強して来い」と言われ、三人とも両親が東京にいるので出撃を前にして親にお別れをして来いということだとすぐわかったらしい。

東京行き列車の車中で三人が時局や若い士官の心得などを気ままに話し合っていると突然、陸軍の将官の軍服を着たのがやってきて、

「貴様たちは車中で軍機にふれることをしゃべっているが不届き至極だ。髪を伸ばしているうえ、巻脚絆もしていない。姓名申告せよ」

と居丈高に怒鳴った。その態度にむっと来て吉田候補生は、

「失礼ですが、人の名を聞くなら、先に自分が名乗るのが礼儀じゃありませんか」

と言い返した。

すると〝閣下〟は予期せぬ反撃を食らって黙り込んだので、三人は無言で名刺を渡したら、何か言いながら自分の席に帰り、まもなく大阪駅で降りた。

閣下が降りると乗客数人が吉田氏たちのところへきて、「いやー、胸がスカッとしましたよ」とか「お若いのに立派です」とか言うので、うれしくなり、親への土産として手に入れたサントリーの角を開けて近くの乗客たちにふるまった。陸軍の、生真面目で純情に見えたあの将官が、この一件をその後どうしたのかわからないという。

それだけの話ではあるが、貴重な角瓶もこういう使い方があったことを記したくて紹介した。このとき一緒に上京した、あとの二人は飛行機と潜水艦でそれぞれ戦死している。

グラス類の管理に苦労した衣糧長

海軍と酒のエピソードからすこし外れる話かもしれないが、昭和三十五年ごろ聞いた話である。旧海軍の元二等主計兵曹で、巡洋艦で衣糧長をしていたという佐世保の川下廣氏は戦後まもなく海上自衛隊に入隊し、護衛艦「はるかぜ」で四分隊（経理・庶務・補給・看護の総合科）先任海曹をしていて、幹部候補生学校入校前のこと、二等海士として半年だけ「はるかぜ」に乗り組んでいた私に海軍時代のことをいろいろと話してくれた。

衣糧長というのは一種の俗称であるが、主計科で保有する物品管理の現場責任者でもある。衣糧長の職務は多岐にわたるが、そのなかでいちばん面倒だったのがグラス類の管理だったと聞いた。

巡洋艦ともなると賓客の公式接待もときどきあり、饗応食のための食器類が膨大な数になる。とくに西洋料理用の食器類は一流のレストラン並みになるから動くフネの中での保管、停泊して来客を迎えるときの出し入れに苦労する。なかでも飲み物用のグラス類には知識と実務が必要で、日本酒なら銚子に盃があれば済むが、洋酒もかなり使うことになる。ビールグラス、タンブラー、シャンペングラス、ワイングラス甲、ワイングラス乙（甲よりも少し大きい）、リキュールグラス、シェリー酒グラスなど、ざっと十種以上、それが二ダース単位でフネにあるから、保管場所だけでもスペースがとられる。滅多に使わないのに、定期的に数量をチェックし、帳簿に記録する。これがなによりもたいへんだったというのが川下先任海曹の思い出話だった。この人は自衛隊になっても分隊員から敬意を表して「衣糧長」と呼ばれていた。

ここからは私の所見である。

明治以来、一流海軍を目指したのはよかったが、昭和も十年を過ぎると管理がしだいに厄介になってきた。さいわいというか、戦争になると資材入手難、生産能力低下等の関係で艦営需品の調達の困難が加わって軍需局も考え始めた。昭和十八年に贅沢な食器類の一部が供給停止（軍需機密需五七七号）になり、十九年五月になると、「さしあたり使用しない物は至急最寄りの軍需部に返納するように通達（軍需機密三一〇号）された。一覧表を見るとかなりの食器類になるので主計科衣糧長の負担も軽くはなった。

川下氏には昭和五十年ごろ、私が護衛艦隊司令部幕僚のとき佐世保で再会したのが最後だったが、海軍と酒の裏方にこういう下士官たちの苦労もあったことを紹介したくてとりあげた。

第5章　英海軍式と米海軍式〝艦内飲酒と艦内禁酒〟

ラム酒を飲ませて乗組員を閉じ込めた大英帝国海軍

よその国の海軍の飲酒問題を書いても、「で、わが帝国海軍は？」ということになるが、海軍の成り立ちは歴史的な習慣や規則に先進国海軍との共通点が多いので、まず、明治海軍が手本にした大英帝国海軍（ロイヤル・ネービー）と、建国以前から何かとイギリスとかかわりの深いアメリカ海軍を引き合いに、日本海軍と酒の関係が出来上がっていく話をしたい。

イギリス海軍の成り立ちは長々と語るまでもなく大航海時代（十五世紀なかばから十七世紀なかばにかけた大帆船による海洋発展期）なかばの一五八八年、エリザベス王朝のイギリス艦隊が無敵艦隊と言われたスペイン海軍を破ったことから、一躍、ロイヤル・ネービーは世界の海軍のモデルとなった。

このとき艦隊副司令官だったフランシス・ドレイクは元海賊船の船長で乗組員に対する規律も厳しい。乗組員といっても港の居酒屋などにたむろする男たちを拉致して船に乗せ、逃げられないように艦内に閉じ込め、そのかわり酒を飲ませるという統制の仕方だった。これがどの船でも普通で、初めのころは水兵一人一日にエール（上面発酵の英国式ビール）を三リットル以上支給していたらしいが、ビールやワインは積荷になるので、安くてアルコール度が強いラム酒に切り替えた。

ラム酒も値段はさまざま。これは米領ヴァージン諸島産の「リコ・ベイ」

日本人にはラム酒にはあまり馴染みがない。本稿を書くために酒販店で買ってきて飲んでみた。一本千円くらいから二千五百円くらいまで段階があり、西インド諸島産とかジャマイカ産が多いのはサトウキビ（絞りかす）が原料なので原産地もそういうことになるのだろう。買ったのは「アメリカ領ヴァージン諸島」産の「リコ・ベイ」という千ミリリットルで千二百円の普及品。アルコール四十度で、ウィスキーと同等なので、イギリス海軍やアメリカ海軍がウィスキー代わりに水兵たちに飲ませていたわけもわかる。

この味なら若いころ飲んだ記憶がある。サトウキビを原料とした蒸留酒で、幹部候補生学校を卒業したあとの南米遠洋航海（昭和四十年）のときブラジルで飲んだピンガに似ている。ピンガのような甘味があり、ピンガよりもとろみがある。この種の強い酒にはテキーラやウォッカ、ジン、メスカル（龍舌蘭酒）など、ほかにもあるが、どれもアルコールそのものといった感じで、度数が強すぎて馴染めない。似たものなら日本人には泡盛のほうが馴染みやすい。泡盛は沖縄のモズクとよく合う（単なる個人的主観）。であるが、ジンやウォッカは、ただ酔うために飲むだけのようである。

ラム酒で水夫たちを艦内に閉じ込めておくロイヤル・ネービーの統率法は虐待に近いが、母港に帰ったときには上陸させた。

イギリスに長く滞在し、ロンドン大学の教授も務めた森嶋道夫という人が書いた『続・イギリスと日本』（昭和五十八年、岩波新書）に、イギリス人とアメリカ人、日本人の国民性の比較、とくに海軍の水兵たちの違いについて述べたところがある。古い本だが、久々に取り出して再読した。元本は講演録で、分かりやすい言葉で書いてあるので、抜粋して紹介する。大航海時代のことではなく、近代の話である。

『もう一つ例をあげますと、軍艦が母港に帰ると上陸して英気を養うのはどこの国の水兵も最大の慰安ですが、イギリスの水兵は私服で上陸させます。日本の旧海軍では水兵は軍服のままでした。日本の軍港は水兵一色になりますが、イギリスの軍港はアンチャン一色で、港町の光景が対照的です。

若い水兵の行くところはどこも同じで、イギリスもバーやキャバレーで、最後はへべれけになって互いに肩に凭《もた》れかかりながら帰ってきます。グデングデンだから軍規も何もあったものではありません。上陸中、町の中で喧嘩だの、市民への暴行事件もありますが、私服を着ているので、私的行為の責任は彼ら自身にとらせるということになっていて、海軍は一切庇《かば》うことはありません。

ここが日本の海軍と違うところで、昔の日本では軍服を着ているので町の青年と喧嘩したり巡査をぶん殴っても海軍は知らぬ顔をしてはおれませんでした。この種の事件は陸軍でもよくあり、昭和八年のことですが、大阪で「ゴー・ストップ事件」といって、信号無視で交差点を渡った陸軍兵士を注意した巡査を、皇国の威信にかかわる問題だ、と陸軍が告訴したことがありました。最後は警察が譲歩して陸軍に屈した形になりましたが、これは陸軍兵士が軍服を着ていたからで、軍服が国民にとってかならずしもいいものではなくなることもあるわけです。

上陸して、帰艦のとき少々の醜態でも私服のまま上陸させるというイギリス方式がむしろ当局の思慮あるやり方かもしれません』

この本が書かれたのは昭和末期に近いころのことで、現在はイギリス海軍の服務指導法も変わっているかもしれないが、イギリス人の国民性がよく出ているのではないかと思う。森嶋氏は別のところでも国民性の違いを書いている。たとえば、四十階ビルのエレベーターの一階で乗り合わせて二人だけで直行するようなとき、アメリカ人ならほとんど向こうから、「ハーイ」とか言って、「あなたはどこから来たの？　ボクはシンシナティ……」とか先にどうでもいいようなことを言って話のきっかけをつくるものだが、イギリス人は、まず、そういうことはしない。上に着くまで無言で、こちらから先に挨拶するのさえ憚《ばばか》られ、着くまでの無言のままの数十秒がとても長く感じる、という。

その点、たしかに、アメリカ人は気心がいい。私はここ二十年毎年、のようにアメリカへ行き、ほとんど全米を訪ねたが、どこへ行ってもアメリカ人の陽気な性格に接する。日系人にはあまりそれがないようだが、人種混合でもアメリカ人というのは基本的にそういう国民性を持っているようだ。子どものときからのようで、だれに教えられて、というものではないらしい。

だから、イギリス海軍の艦内飲酒も陰気な国民性をカバーするための対応だった――とするのは飛躍的すぎるが、「なんでイギリス海軍はフネの中で酒が飲めるのに、もともとイギリスから独立したアメリカでは禁じられているのか」という疑問に応えるには複雑な背景があるということにもなる。

アメリカ海軍の艦内禁酒には複雑な背景

アメリカ合衆国で禁酒時代があったことはよく知られるが、合衆国憲法修正第十八条という「禁酒法」が執行されていたのは一九二〇年から一九三三年までの十三年十ヵ月の間なので、アメリカ海軍の艦内禁酒は法の直接的な影響を受けたものではないようだ。

というのは、海軍の禁酒はその六年前に、当時の海軍長官ジョセファス・ダニエルズが禁酒令を公布しているからである。

その海軍令というのは、つぎのようなものだった。

『一九一四年七月一日をもって海軍令第八二三項は無効とし、以下の条項に替えるものとする。あらゆる海軍艦船上、あるいは海軍のあらゆる工廠・基地内においてアルコール飲料を飲用すること、または飲用目的での持ち込みは固く禁ずる。本命令の順守についての直接責任は当該艦船・施設の長が負うものとする。海軍長官 ジョセファス・ダニエルズ』

ジョセファス・ダニエルズは一九一三年に第二十八代大統領として就任したウッドロウ・ウィルソン大統領（民主党）のときの海軍長官で、大統領選に支援者としての功があって新聞人のダニエルズを海軍長官に据えたものらしい。

ダニエルズというアメリカ海軍長官は、日本ではあまり知られないが、アメリカ近代史の中でしばしば登場する。フランクリン・ルーズベルトもこの時期の活動が目立ってくる。

フランクリン・ルーズベルトといえば日米開戦時のあの第三十二代大統領であるが、ウィルソンが大統領になると三十一歳の若さで海軍次官になった。

ルーズベルトはその後もとんとん拍子で出世し、向かうところ敵なしといったパワーで大統領にまでなるが、生涯一人だけ仕事の上での〝上司〟は海軍長官ダニエルズだけだったという。尊敬していたというのではなく、ニューヨーク州上院議員や同州知事など常にトップにいたので、海軍次官はその上に長官がいるナンバー2という意味である。ルーズベルトがその実力をさらに発揮したのがこの次官のときで、ダニエルズというのは、谷光太郎氏の近著『海軍戦略家キングと太平洋戦争』（中央公論新社、二〇一五年六月十五日刊）によると、「ダニエルズ長官は自分が乗り気でない事案には極度に優柔不断で、決定を先延ばしする傾向があった。長官が出張すると、ルーズベルト次官は長官決裁書類箱を整理し、緊急のものを決裁してくれた。だから、ルーズベルト次官は省内では頼りにされていた」

ようするに、ダニエルズは「ダニエルズ・プラン」で名は残るが、たいした政治家ではなかったのではないかと私には思える。

大正十一年二月に締結したワシントン軍縮会議で日本海軍の八八艦隊案は消滅するが、アメリカ海軍も第一次大戦中から進めていた艦船増強計画が縮小された。アメリカの増強計画を推進していた海軍長官がダニエルズで、その名を採って「ダニエルズ・プラン」と呼ばれた。日本の八八艦隊との対比でダニエルズ・プランがよく引用される。

ついでに言えば、フランクリン・ルーズベルト大統領（民主党）と六代前のセオドア・ルーズベルト（共和党）は遠い親戚筋である。オランダからアメリカへ移って来たローゼンベルト家の二代目（アメリカでの初代）のニコラス・ルーズベルト（一六五八年生まれ）の二人の息子のときに戸籍が分かれ、セオドアとフランクリンはそれぞれの兄弟の子孫ということになっている。そのころから両家は共和党と民主党に分かれていた。

フランクリンが海軍次官のとき大統領ウィルソン（民主党）、国務次官ブライアン、海軍長官ダニエルズは平和主義三羽烏と言われ、欧州で起こった新たな戦争（のちの第一次大戦）で米国人も巻き添えを食う多数の犠牲者を出しながら参戦には反対していたが、ドイツの中立国をふくめた無制限潜水艦作戦等をきっかけに連合国に加わった（一九一七年四月）のはフランクリン・ルーズベルト次官の工作と根回しが多かったようだ。このルーズベルトがのちに大統領となり、日本との戦争（第二次大戦）に巻き込むことになる。

アメリカへ何度も行っていると、大統領の共和党時代と民主党時代の歴史に何かと関心が出る。セオドア・ルーズベルトはいまだに人気がある。自然保護の重要性に気づき、国立公園を定めたこともそうである。ラシュモア山の四大統領彫像の一人に入っているのも国民の人気を裏付けている。

サウス・ダコタには二度ほど行ったことがあるが、二〇一四年に行ったとき、アメリカ人とみられる観光客の父親がラシュモア山で自分の子どもに彫像の一人一人をじつに丁寧に説明していた。それとなく聞いていたら、「あのメガネのプレジデントがナショナルパークをつくったんだ。昨日行ったイエローストーンに最初のナショナルパークって書いてあったろう?」と言っていた。アメリカ人は自分の子どもにも丁寧に、理論的に説明する。子どももいっぱしの質問をするのに感心する。日本人は、「余計なことは聞かなくていい」とか「そんなことを聞いてどうするの!」と会話を濁しがちであるが、アメリカでは子どもでもはっきりと自分の意見を言うのはやはり幼児からの躾《しつけ》の効果なのだろう。

禁酒話が脱線したが、そういう混乱時期の海軍長官がアメリカ海軍の禁酒にかかわっていたというのがおもしろい。もともとダニエルズは禁酒主義者で、実業家時代（新聞発行）から禁酒運動の先鋒者だったらしい。そういう人間が海軍長官になったのは海軍の不運でもあった。ウィルソン大統領とともにダニエルズ海軍長官も一九二一年までの任期を果たすが、禁酒令だけはそのまま残った。

ついでながら、アメリカは一九四七年に国防総省ができるまで海軍長官は内閣の閣僚で民間からの採用も多かった。内閣制度の最後の長官がジェームス・フォレスタルで、この人は若いとき空軍にいたこともある専門的有識者だった。

フォレスタルは空母機動艦隊構想の推進者だったが、空軍が推す爆撃機部隊構想との板挟みで神経衰弱になり、のちに自殺したことはアメリカ海軍史のなかでよく知られる。戦略的にも大型空母の優位性に先見の明があったようで、米海軍初の大型空母「フォレスタル」（一九五五年十月就役、五万五千トン）は同長官の名に由来する。

米海軍の禁酒制度の元凶（？）海軍長官ジョセファス・ダニエルズ

話が前後してしまったが、海軍の禁酒に話が戻る。実際、禁酒が発令（ダニエルズ長官就任の翌年＝一九一四年六月一日公布、七月一日施行）されると評判は散々だったらしい。

アメリカ海軍は、一七八七年に合衆国憲法が制定されたあとの一七九四年に酒の飲用についても定められ、以来、蒸留酒（ウィスキー、ラム酒）の数量や代価に変動があったり、一時的（一八六二年〜六四年）にビールやワインは禁酒の対象外だったり、と紆余曲折はあるものの全面禁止はダニエルズ長官によるものが初めてだった。海軍の制服を着ている者には売ってはいけないとまでになったから、海軍将兵の士気も落ちる。そういうさ中の禁酒法ではあった。

アメリカにはもともと禁酒主義の団体や宗教組織が多く、ヨーロッパではカトリックでさえアルコールは神様の賜物という考え方があるらしいが、アメリカではクェーカー教徒やモルモン教徒、その他メソジスト派やルーテル派のようなプロテスタントにも、アルコールそのものが悪魔のようなものという考え方があった。一八〇〇年代初頭から禁酒に対する国民的な動きもあって具体的な運動は一八四〇年に始まっていたというから禁酒の下地は以前からあったのだろう。婦人運動がそのさきがけになったのは女性にアルコール中毒者が多かったからともいう。宗教的というよりも健全な生活と健康を維持しようという理由からだった。一九一四年に第一次大戦が起きるとアメリカは敵対国のドイツ系ビールを排除する動きも出た。海軍の禁酒（公布）が一九一四年というのは戦争とも関係があったのかもしれない。

しかし、アメリカ全州に広がる禁酒（一九一九年の時点では四十八州中三十六州が批准）は一九二〇年一月の法施行が始まると、時を経ずして社会的混乱を呼ぶことになった。密造が横行し、ヤミ値で、犯罪も増えた。政府は連邦禁酒局捜査官をつくって不法者摘発に忙しくなった。大統領はフーバー、捜査官エリオット・ネス以下一千五百人、不法者の代表がシカゴのアル・カポネで、『アンタッチャブル』ほか沢山のギャング映画のもとがある。実際、ギャングとの派手な銃撃戦も数々で、捜査官側（のちのＦＢＩ）は五百人以上が殉職したと言われる。

財務省では税収も管理できなくなった。カナダではその虚を突いてウィスキー造りが発展して中南米方面へもシェアを広げた。カナダが五大ウィスキー国の一国であることはウィスキーの項で記したが、漁夫の利のようなものだった。カナダ産のウィスキー「アリストクラット」などを飲んでみるとまったくバーボン系で、英語の綴りも「Whiskey」とeが入っているのも因縁があるのだと思う。

アメリカの禁酒も騒がれだすと法撤廃運動も起こるようになる。一九三二年の大統領選は禁酒法が争点になり、禁酒法改正を訴えたフランクリン・ルーズベルトが大統領になると翌年三月には法の修正が明白になった。

ユタ州ではいまでも飲酒はしにくいと書いてあるガイドブックもある。モルモン教徒の多い州で、行ってみるとたしかにソルトレーク市のモルモン大聖堂での日曜日の集会では地味な服装をした数万人の信徒が集まり周辺は人だらけになる。人だらけのわりには静かなのが印象的だった。大聖堂の中にも入らせてもらった。

アル・カポネ(ラスベガスのレストランでもらったカードから)

モルモン教というのは「末日聖徒イエス・キリスト教会」とも言い、日常生活も世俗から離れている。私の男孫が高校一年のときユタ州セント・ジョージで半年ほどホームステイをしたことがあった。家族の生活は静かで、子供たちを休日に連れて行くのはテーマパ

ソルトレイクの大聖堂（筆者撮影）

ークではなく教会ばかりだったと言っていた。

ホームステイ先の家族は皆親切で、ママから「日本で読みなさい」と言われて『モルモン書』というのを一冊もらってきたが、本来の聖書に似てはいるが、ニーファイ第一書とかニーファイ第二書とか、聖書の難しさ以上に分かりにくい聖典のようだ。

現在、シアトル留学中のその孫は今でもときどきセント・ジョージの家族と交流しているようで、アメリカには様々な異文化がある。

プロテスタントでもカトリックでもないクエーカー教徒も日本人からみれば似たような教義に基づく生活で、平和主義に徹し、日常でも人と争うことは罪とされる（アメリカ映画『友情ある説得』ウィリアム・ワイラー監督。クエーカー教の生活が基盤にある南北戦争のドラマ）からアメリカ合衆国の成り立ちと国民性は複雑なものがある。酒の問題もそういう中の一つだと思う。実際、禁酒法廃止をめぐっての各州議会では宗教団体による廃止の反対、つまり禁酒法継続の運動が強かった。日本では、歴史の上で「酒を飲んではいけない」という法律が出たことはない。基本的に国土や国民性の違いがあるのだろう。

ソルトレイクのレストランで、ウェイターに「ユタ州ではお酒は飲めないと聞いてきたが、ビールはないの？」と尋ねたら、若いウェイターは笑って「ノー、ノー」と言ってバドワイザーを持ってきてくれた。ついでに、「昔は一夫多妻だったんだってね」と言ったら、さらに笑っていた。

話をもう一度、アメリカ海軍に戻す。

アメリカ国内は国法として禁酒し、十三年後の一九三三年に禁酒法を廃止するが、アメリカ海軍は国法とは別だった。もともと成り立ちが国法とは関係なかったのではないかと前記したのもその理由による。

海軍が禁酒を継続することに決まったとき、ここでもひと騒ぎもふた騒ぎもあった。禁酒をつづけるかどうかは将官たちの非公式な意見（投票？）で決まったという。ＰＸや隊内クラブでの飲酒はＯＫとなり、医薬用としての艦内保管はよいという別枠が出来て〝医薬品〟にはブランデーのほかビールなどもあったようだ。医療用ビールというのがどういうものか知らないが、〝百薬の長〟だから使いようがあるのだろう。

アメリカ海軍の艦内禁酒の是否については長年、他国海軍でも論議（？）になっている。カナダ海軍のように数年前から「禁止」組にまわったところもある。酒による事故や事件が多いことによるらしいが、どこの国でも節度を逸脱する飲み方をしては「禁止」せざるを得ない。もともとアメリカ海軍が禁酒にしたのは、あまりにも飲酒による事故が多かったからだったらしい。人種が混合するアメリカ人は飲酒の体内反応にも差があるのではないかと思う。

昔の西部劇映画に「インディアンに酒を飲ますな」というセリフがよく出てくる。ついでながら、今は「インディアン」と呼称してはいけないと日本では言うが、アメリカでは今もよく耳にする。昨年、たまたまモンタナでの先住民集会に行きあわせて感じたことである。

海上自衛隊時代になって日米共同訓練もやるようになった。訓練が終わると反省会と親睦を兼ねて互いに艦上パーティなどをやることがある。私が護衛艦隊司令部監理幕僚のとき、担当幕僚として、第七艦隊との訓練の途中の佐世保入港時に艦上レセプションの段取りをしたことがあった。

横須賀出港前に旗艦「ブルーリッジ」へ行って、七艦隊司令官副官に、意味を持たせて「多少のベバレッジも用意する」と言うと、意味がわかったらしく、副官は担当らしい中佐を呼んで来た。その中佐が言うには「日本との艦上レセプションで何がたのしみかというと、いい飲みものがあること。訓練もきっとうまくいく」と、ヘンなところに「グッド・エクササイス・アンド・オペレーションズ」をつけていた。このときの護衛艦隊司令官は無類の酒好き（？）の能津長和海将だったから日米海軍の結束は一層高まったのではないかと思う。

このときは日本一周を兼ねての共同訓練で、小樽にも入港した。米軍がこのときニッカウヰスキーを〝見学〟したかどうかは覚えがないが、ウィスキーの項で書いたように、伝統的に第七艦隊は、オタル＝ニッカということになっているらしい。

日本海軍の艦内飲酒はイギリス式海軍の余禄？

では、日本海軍はどうだったのだろうか。

明治五年に海軍と陸軍を創るとき、「海軍ハ英式トス」、「陸軍ハ仏式トス」（陸軍はすぐに独式に変更）と決めたとき、制度や礼式、慣習など、かなり細部まで検討もされたと思われるが、海軍の艦内での飲酒については素通りしたのか、検討の必要なし、としたのかわからない。飲酒に対する問題点の認識などない時代であり、たぶん、検討事項の俎上にも上がらなかったのではないかと思う。いわば、イギリス式海軍を導入（採用）したときの余禄みたいなものだったと考えることも出来る。

エピソードの多い元
薩摩藩士の黒田清隆

もともと日本人は飲酒には寛容で、少々酒癖が悪くても、「まあ、酒の上だから……」で済むことも多かった。前記した箱館戦争で、立て籠もる幕府軍の榎本武揚に政府軍の黒田清隆が樽酒を贈ったエピソードは美談として残っているが、黒田清隆は相当酒癖が悪かった。北海道開拓使などを務めた元薩摩藩士であるが、若いときから酒を飲むと大暴れ。しかし、だれも手出しは出来ない。晩年、暴飲して帰宅したときの応対が悪いと言って病弱な妻女を殺した嫌疑のある事件も起こしている。

酒を飲んで……といえば、平賀源内も大工の棟梁たちと大酒を飲み――このころ（五十歳）は仕事の行き詰まりで天下の奇才も妄想状態になっていたらしい――図面をめぐって棟梁といさかいになって殺《あや》め、小伝馬町で獄死した。酒は飲み方によっては一瞬の思慮判断を狂わせる。

「酒の上」では済まないものもあるが、海軍でも酒を飲んでの少々の失敗なら大目に見られた時代だったようで、海軍は最後までこの風習を変えることはなかった。その点、陸軍は隊内（営内も）での飲酒は出来ないことになっていた。「出来ないことになっていた」というのは、海軍のように日常的に飲酒ができるというのではなく、飲んでいいときが定められ、決まった量が支給されるというもので、それが兵制を手本にしたドイツ式なのかどうかはよくわからないが、その点では陸軍将兵は規律を順守した。したがって、陸軍での酒にまつわるエピソードに目立ったものはないようだ。

明治時代にビールの「一気飲み」まで覚えて帰って来た乃木将軍の話は本書の初めに紹介したとおりで、ビールに関しては断然ドイツ式（？）が残ったが、日本酒と陸軍の関係はよくわからない。

飲酒は場所と場合をわきまえて、「いい酒」を飲むことが大事なのであって、私生活でそうであるが、酔った勢いで人に迷惑をかけたり不快な思いをあたえたりするのはもっともよくない。

昔から酒は百薬の長という。海上自衛隊では「自衛艦乗員服務規則」（第一〇七条）で「艦長は、別に定めのある場合のほか、艦内において酒類を使用させてはならない」となっており、時と場合によってその効能があるというときだけ適量の飲用が許可されている。

国民が考える以上に海上勤務は厳しい。何日も、あるいは数ヵ月も自分の家に帰れない任務も多い。精神的負担を少しでも軽減できる施策にはいろいろあるが、「時と場合により」ということの意味を理解した規則の運用が大切である。

服務規則にある「別に定めのある場合のほか」というクッションを拡大解釈したり、艦長の立場でも勝手に判断できる余地も少ないが、士気を高め、部隊統率の一つの手段になるのであれば全面〝アメリカ式〟にするまではない、と私は思う。飲酒に対する社会の見方も変わったのを踏まえることは当然である。

艦内には今でも日用品がある程度購入できる売店（コンビニ）があって「酒保」という名前を踏襲している。「酒は売っていないのに酒保というのはおかしい」との異論もあるが、私はそのままでいいと思っている。「酒売」ではなく「酒保」というのは海軍の名残りと思っておけばいいのだが、艦内一般公開などで誤解されることもあって、かえってそれが話題になることもある。誤解の効用というところだろうか。

日本海軍の糧食調達品としての酒の種別

日本海軍ではアルコール飲料を軍需品（糧食品）として調達上どのように位置付けていたのだろうか。アルコール類は、モノがモノなので、主食や副食類のように、大きさや重量、品質など細かい規格を定めることはできない。既製品を調達するという形式になるが、品名だけは明らかにしておく必要がある。清酒は清酒、ウィスキーはウィスキーで、清酒がないからドブロクというわけにはいかない――そういう意味での規格はあった。

地酒に旨いのがあるからといって寄港したときフネが勝手に官費で購入するということも出来ないのは当然。銘柄を指定できるのは特別の場合（遠洋航海など）で、基本的には軍需部が資格審査で認めた取扱業者との契約で調達する。

戦前は、よく「海軍御用達」という暖簾《のれん》（看板）を掲げた業者があった。海軍だけでなく、また、糧食だけでもないが、「御用達」を掲げることで箔《はく》が付くという付加価値があったからだろう。

「御用達」とはもともと明治政府が認めた資格用語やキャッチコピーではなく、もとは徳川時代後期に一部の専売品などに「幕府御用達」という用語が使われたのがそのまま官公庁に応用されただけであるが、とくに「海軍御用達」は企業にとってプライドと責任につながったのだろう。

前記した呉の「千福」酒造・三宅本店には海軍時代の御用達看板が大事に保存されている。糧食調達品目としての海軍の酒に話を戻す。

酒の調達に関する整理された資料は昭和七年一月に海軍省軍需局が編纂発行した『帝国海軍糧食』にもふくまれている。この前年の六年三月の給与令並びに同施行細則でほぼ最終的な規則が出来上がっていたと考えられ、この規定が終戦まで継承された。もっとも、「継承された」というのは文字上のことで、戦争も厳しくなるととてもブランデーやリキュールどころではない。昭和十八年に改定された酒類を見ると、大別された「酒」（「火酒」としてある）には、「日本酒」と「果実酒」「缶詰甘酒」だけで、「果実酒ハ葡萄酒、椰子酒等トス」とあるだけである。南方産の椰子酒が戦局を反映している。

昭和七年に規定された海軍の調達基準品目としての酒類は、軍需部を通じて常時調達されていたわけではない。「調達する場合」の手がかりになる基準品目を定めたというだけのものだろう。一覧表でみると、いかにも海軍はいろいろな酒を飲んでいたようにも受けとれるが、おもしろいので昭和七年の『帝国海軍糧食』をもとに酒類を紹介する。

千福酒造（三宅本店）の
「海軍御用達」看板

嗜好品の部
　醸造酒

清酒／麦酒／葡萄酒—生葡萄酒、甘味葡萄酒、混成葡萄酒、シャンパン、薬用葡萄酒

蒸留酒
ウヰスキー／ブランデー／ラム酒／ジン（杜松酒）／ウォーツカ／焼酎／泡盛／リキウル

再生酒
味醂酒／白濁／屠蘇酒／赤酒／濁酒

其の他の酒
保命酒／霞散／老酒（紹興酒）／林檎酒／梨酒／苺酒／柿酒／桑実酒／かりん酒／蜜柑酒／桃酒／梅酒／櫻桃酒

この種別羅列を見ればわかるように、あくまでも「官として調達する場合は」という前提であろう。多数の果実酒など、まるでリカー・ショップのようで、「海軍は何やってたんだ！」と誤解されそうである。霞散というのは中国酒と思われる。

戒律厳しい僧職の世界と酒

仏教……それも日本に限定した僧職と酒の話である。仏教における酒とは、というような

難しいことではなく、僧職にある人たちがアルコール飲料とどのように対応しているか、〝いい酒〟を飲むには何か手本になるものがないだろうか、という単純な疑問から考えたことである。

禅寺の入口（山門）には「不許葷酒入山門」と刻んだ石塔がよくある。文字どおり読めば、ニラやニンニクのような刺激の強い食べものや酒の持ち込みは禁止という意味になる。

禅寺といっても、禅宗には臨済宗、曹洞宗、黄檗宗があって、さらに臨済宗には建仁寺派、南禅寺派、妙心寺派があり、さらに枝分かれするので、簡単に「仏教では……」とか、「禅寺では……」などと簡単に説明できないのだそうだ。よくテレビで永平寺での雲水の厳しい修行風景が紹介されたりするが、福井の永平寺は曹洞宗のなかの総持寺と並ぶ総本山である。「不許葷酒入山門」は一見厳しい戒律に見えるが、一種のキャンペーンのようなもので、具体的な取り締まりの戒律ではなく、修行に徹する雲水への心得ではないかと俗人として都合よく考えたりする。

永平寺へは何度も行ったが、今は観光化したようなところもあって、休日など観光バスも来るし、前日にニンニクの利いた焼き肉や深酒をしたような見学者もゾロゾロ山門をくぐった石段を登ったりしているが、「不許葷酒！」とお寺から呼び止められることはない。修行する雲水さんたちは雑念が入りやすく修行しにくいだろうなぁ、と思ったりする。

ただ、仏教には五戒という戒律があるそうで、それは、「不殺生」「不偸盗」「不邪淫」「不妄語」、そして「不飲酒」なのだそうである。モーゼの十戒では、「汝の親を敬うべし」「汝、盗むなかれ」などがあるが、十項目も戒めがありながら、「汝、酒を飲むなかれ」というのはない。

仏教の場合、この五つの戒律は仏門にある僧職にはいまさら言うことでもないことなので、一般の衆生に対する生活上の心得を言ったものではないかと思う。あえてこの「不飲酒戒《ふおんじゅかい》」を俗人の戒めとするならば、酒を飲むなら迷いのない飲み方をすべしということらしい。そう解説したものもある。これならわかる。酒を飲んでもいいが、いい飲み方をしなさいと言われれば、「よし！　明日からはそうしよう。今日のはあまり良くなかったナ」と会社の忘年会からいい加減酔っ払って帰宅した晩でも反省することができる。

とは言いながら、ほかにも仏典をもとに飲酒の過失について説いたものがあるようで、代表的なのは『長阿含経《じょうあごんきょう》』という、いくつかの経典を集めたものらしい。その十六番目に「飲酒の六失」として失財（財産を失う）、生病（病気になる）、闘争（争いを起こす）、悪名流布（悪評がたつ）、恚怒暴生（怒って暴れる）、智慧日損（智慧が減少する）、と書かれているらしいがもとより難しいので、とても私などが安易に引用できるものではない。「酒飲んで、いい仏話した者なし」とも書いてあるので、わかりやすい。

では、僧職にある人たちはどうしているのだろうか。

京都の東福寺は臨済宗大本山で、壮大な伽藍《がらん》と秋の紅葉が美しいことでも知られる。昭和の初期にここで修行した佐藤義英という禅僧が書いた『雲水日記』（禅文化研究所刊、昭和六十三年）という古本を昔京都で買った。自筆の飄逸な漫画風挿絵とともに平易な文体で書かれたエッセイで、自己体験をもとにした禅門の修行の様子が分かりやすい。雲水たちの修行の中で酒についてはどのように扱われているのか、読みなおしてみた。

雲水の日課は午前三時半の開静《かいじょう》（起床）から始まり朝課《ちょうか》、諷経《ふぎん》、独参《どくさん》、托鉢《たくはつ》……などなど、夜の就寝まで独特の様式にしたがった修行がつづく。幹部候補生学校の日課もけっこう忙しく時間に追われたのと比較できるところもあるが、禅寺の日課は格段厳しい。とても自分にはできそうにない。海軍兵学校時代の生徒の日課は雲水の修行に似たところがある。三年あるいは四年（六十三期〜六十五期など）もつづく生徒には上級生による乱暴な〝修正〟を受けることもある。六十八期の豊田穣氏は一号生徒の六十五期に千二百発殴られたが、自分も卒業するまで二千八百発下級生を殴った（『江田島教育』新人物往来社）というから乱暴な修行ではある。

佐藤義英禅僧の著者
『雲水日記』のカバー

前述の『雲水日記』に一ヵ所だけ酒の話が出てくる。

冬夜《とうや》といって、師走なかばの一晩、一年に一回だけ許される無礼講というのがあるのだそうだ。海軍航空隊の無礼講については前記したが、雲水でもあると聞けばなんとなく嬉しくなる。その様子を転載すれば、つぎのように書かれている。

『十二月中旬の前晩といえば、僧堂の雲水たちにとってこれはまったく破天荒の一日である。一年にたった一度きりの許された無礼講だ。蠟八《ろうはつ》（注：師走の一週間のとくに厳しい修行・作務）が済めば、古参連中は早速この日のための計画や募財にとりかかる。……（中略）……「新到三年白歯を見せず」というのが日々の姿なのに、この夜ばかりは厳禁の薬水（酒）や煙草が許され、上下や新旧の秩序はことごとく吹き飛ばし、喜びも悲しみも、恨みも怒りもこの一夜にぶちまけて、飲み、かつ、歌いつづけるのである。（傍点筆者）

古参も新到も、誰も彼も、まるで圧縮ボンベからはじき出された米菓子のように、とんでもない格好になり変わって、異様な形と持味をさらけ出す。厳格この上ない僧堂規則からまったく解放された「一陽来復」の凄まじくも微笑ましい光景が展開する一夜だ』

禅寺の修行にもこういう息抜きの場があるというのを聞くとほっとする。いわゆる禅問答というのがあって、右といえば左、有るかと問えば無しと答えて相手の思想を正反対の表現で打ち砕くのだそうだが、佐藤禅師は、

『酒についても同じようなことで、「不飲酒」という戒律のもとでも師たちは愛飲家が多く、世間的に見れば言語道断な話である。しかし、これは偽善ではない。禅者は善行悪行を行っても煩悩のタネを残さず、その行動は常に良心的、生臭坊主の放行《ほうぎょう》のようでもそこにはかならず把住《はじゅう》がある。好きな酒なら慙愧懺悔の心を失わずにたしなむものである』

と、それこそ禅問答のような解説をしている。

東福寺の僧堂の規矩（きまり）に、「一、薬水、煙管、堅く、之を禁ず」とあるそうで、

それでありながら禅問答のような実態や、酒を「薬水」とか「般若湯」と呼ぶところにむしろ仏教の良さを感じる。息抜きも大事ということだろう。

この佐藤義英という禅僧は大正十年生まれというから海軍兵学校生徒でいえば、昭和十二年四月入校の六十八期（同時入校の海軍機関学校生徒は四十九期、海軍経理学校生徒は二十九期）と同年代になる。十五年八月に兵学校を卒業した二百八十八人（機関学校七十八人、経理学校二十六人）の生徒は十五年八月に卒業し、一年四ヵ月後の大東亜戦争で百九十一人（機関、経理も約半数）が戦死している。佐藤禅僧はほぼ同じ時期に東福寺に入門し、雲水としての厳しい禅修行の日々を送り、海軍兵学校生徒たちとほぼ同じ年限の修行を終えてのち、伊賀上野の法泉寺の住職を務めるが、昭和四十二年に四十七歳の若さで病死した。目指した生き方こそ違うが、戦争を前にした日本青年にそれぞれ違った青春時代があった。

伊賀上野といえば、前記した「海軍と日本酒」の部で、伊賀上野の清酒「伊賀越」の美味《おい》しさにふれたこともあり、また、海軍兵学校六十八期生徒たちの年代が重なることもあり、佐藤義英禅師の修行体験を紹介した。

ついでであるが、伊賀上野の法泉寺というのは荒木又右衛門の助太刀で知られる「決闘鍵屋の辻」の塔世坂（上野城に通じる）の反対側の旧街道を北へ少し入ったところにあり、又右衛門の出身地旧荒木村も近くにある。昔、鍵屋もよろず屋もあったころは何度もこのあたりを訪ねたが、三十年くらい前によろず屋はなくなり、鍵屋も現在の場所に移転した。

前記したように、私は伊賀上野を何度も訪れているが、そのつど新たな発見をしている。

「鍵屋の辻の決闘」は単なる仇討話ではなく、旗本と外様大名の複雑な関係が背景となっており、荒木又右衛門の作戦行動は軍隊的戦術そのものの模範とも言える。

バイクで奈良から369号線を東へ、柳生の里で北上し、笠置へ抜け、163号をさらに行くと間もなく島ケ原――荒木又右衛門譚にも出てくる。遠望していた上野城がだんだんと近づく。長田川を通過すると、ほどなく鍵屋の辻。敵の河合又五郎をかくまうため私の故郷人吉に「又五郎屋敷跡」というのがあることから、あえてここで付記した。

焼酎については追って書くことがある。

第6章　「水盃」――謹んで英霊に捧げる

避けては通れぬ水盃の話

「水盃（水杯）を交わす」というのは日本特有の仏教的思想から来ているようだが、たいへん深刻で厳粛なことである。

「末期《まつご》の水」といって、安置された死者の唇を、水で湿した筆の穂先や綿で潤す葬送前の一種の儀式があって、仏典に由来するという。その仏典とは前章の最後に参考として書いた「僧職と酒」のところですこし引用したなかに、仏陀が説いた『長阿含経』に〝末期の水〟の話もあるらしい。

末期の水には古くは鳥の羽やシキミ（樒＝シキビともいう常緑樹の小枝）を使ったりしていたようであるが、日本でいつごろから行なわれるようになったのか定かでない。地方によってその作法や儀式に違いがあって民俗学の分野になるのだろうが、近年の葬祭では全国的にもこの儀式的作法はあまり行なわれなくなった。死語に近いかもしれない。カトリックで神父がふりかける聖水の儀式とは違う。

旅順港閉塞隊の決死の活動模様を描く東城鉦太郎画伯原画の複製（古島松之助画伯）

「水盃」はこの「末期の水」を生前に取る——つまり、死地へ赴く前の別れの盃という意味で、日本では古くから「水盃を交わして出陣する」というような風習があったようだ。二度と帰らぬ、という決意や置かれた立場から盃を割って出立するというやり方もあった。

「死地へ赴く」という言葉どおり、戦争では決死の覚悟で出陣することもあるが、やはり生きて帰ることは軍人兵士にとっても軍隊にとっても大事な戦術基本である。

初めから「生きては帰らない」とか「死ぬとわかっている」という出陣は飛行機の出現まではなかったと思われる。楠正成の湊川への出陣も、形勢の不利から「死を予測し、覚悟して」我が子正行と桜井の駅での別れをしたが、自決を決めていたわけではない。「死を覚悟」するのと「死を決行する」のとは違う。日露戦争で、海軍で言えば広瀬武夫中佐の旅順港閉塞隊のような決死隊もあるが、あのときの閉塞隊にしても、目的を達したら（船を沈めたら）生還するという作戦だった。陸軍の旅順攻囲戦での白襷隊も「決死の覚悟」をもとに臨時編成された「決死隊」ではあるが、戦死が決まっていたものではない。結果的に多数の戦死者を出しながら作戦は失敗に終わったものだった。

特攻隊員と酒、そして「水盃」

しかし、大東亜戦争での特攻隊（特別攻撃隊）は最初から「生還」は考えていないという、過酷にして悲壮な覚悟が要求されるのだから、置かれた環境がまったく違う。特攻にも回天特別攻撃隊——いわゆる人間魚雷や生還がむずかしい特殊潜航艇もあり、それぞれの乗組員の心理状態を想うだけでも悲壮になるが、飛行機による特攻は出陣が決まってから最後の瞬間まで時間の経過とともに異なってくる精神的圧迫など、その状況に極めて具象性があって想像するだけでも恐ろしい。そういう状況に置かれたら、自分は耐えられるだろうか、と思う。とても耐えられないだろう。

私は二十年ばかり前、舞鶴から車で帰りがけ、小雪の舞う夜間の山陽自動車道で追突されたことがある。九十キロ強で走行車線を走っていたら、うしろの乗用車が急接近するのに気づいた。「危ない！」と思った一瞬、右後部に衝撃を受け、そのあとは車が一回転したり、ガードレールに激突したりした。そういう瞬時でも、「これは死ぬナ。うしろからトラックも来る！」——そんなことが頭にひらめいたが、それは文字どおり瞬間的なことで、ハンドルを立て直すのに必死で、怖いとは感じなかった。すぐ冷静になって道路わきに急停車した。

間一髪だったが、怪我はないようだった。大破した車から這い出るのが精一杯だったが、手足も動かせる。福石というサービスエリアの近くで、誰が知らせたのか、数分もしないうちに警報を鳴らしながら交通警察隊が来て救急処置をしてくれた。「死ぬ瞬間とはあんなことなのかな」と助かったから考えることもできた。

しかし、特攻機はそんな交通事故とはまったく違う。次元が全然違う。特攻隊員と決まった時点——しかも、それからかなり日数がある——から「必死」を覚悟し、いよいよ水盃をもらう時点では人生が終わったも同然で、しかも、まだそれからいちばん「大事な仕事」が残っている。

知覧の陸軍特攻資料館に、出撃前の、まだ少年に見える飛行士たち五人の出撃前の写真が残っていて、中央の一人が仔犬を抱いて、みな微笑《ほほえ》んでいる一見くったくのない写真を見ることがある。この写真は靖国神社併設の遊就館でも見ることができる。残り数時間(「六時間」後とある)しかない命を前に、覚悟が覗かれるこの写真は見るだけでも胸が傷む。

この写真の撮影場所は長年知覧とされていたようであるが、最近の調査や証言では場所が異なるようだ(二〇一五年八月の新聞報道など)。出撃前の撮影には間違いないので、細部は省略する。

呉水交会名誉会長の大之木英雄氏が一橋大学を仮卒業措置で昭和十八年十月に「学徒出陣」して海軍に入隊したのは二ヵ月後の十二月だった。この時期になると大学修了者でも最初から士官待遇ではなく、いったん二等水兵として海兵団(大之木氏の場合は大竹海兵団)に入り、基礎教育を受けたあと進路が決まるという採用の仕方に変わっていた。

航空隊を希望し、翌十九年五月から海軍十四期飛行専修予備学生として土浦、出水の各航空隊で操縦の猛訓練を受け、四ヵ月後の九月に元山海軍航空隊（現在は北朝鮮）の零戦操縦員として実戦部隊に配備された。

特攻作戦採用が決定されたのが十九年秋、元山航空隊にも翌二十年二月二十二日に特攻命令が来て、七生隊と命名され、四月四日以降、第一次から第八次出撃まで、いったん鹿屋基地進出後ぞくぞくとその任務に就《つ》いた。

「自分も近々戦死」を覚悟していた大之木氏は終戦の詔勅によって一命をとり止め、戦後は自家の建設業経営とともに特攻死した戦友の慰霊のため行脚、南方戦地への慰霊碑建立、講演、執筆等多くの実績を残している。特攻の同期生たちと毎日を過ごし、出撃を見送ること数回に及ぶ実部隊体験者だけに、その著述や講演は胸を打つものがある。

中国新聞が同氏への取材をもとに十数回にわたって連載した「生きて」（二〇一二年）及び、私が編集をたずさわっている呉水交会会員誌『呉水交』、さらに直接同氏から聞いた話をもとに、元山海軍航空隊での模様を紹介する。

元山での毎日の猛訓練は高度四千メートルからの急降下爆撃が主だった。

覚悟はしていたものの部隊への特攻命令はやはりショックだったと搭乗員たちの手記にもあった。残っている搭乗員は概《おおむ》ね技量未熟であり、軍人として国民を守る方法として「敵に突っ込め」と言われたら現場の下級士官としては「ウン、そうか」と受け入れるよりほかなかった。

初めて特攻が発令されてから四月四日の鹿屋へ向けて出撃するまでの四十日あまり、大之木氏は特攻隊の同期生と起居を共にし、一緒によく酒を飲んだ。覚悟はしっかりと出来ていても、ときには沈み込んだり、酒を飲んで暴れる者もあった。酒を飲むから暴れたくなるのではなく、むしろ酒で鬱積したわだかまりが発散できたのではないだろうか。酒のおかげとは言わないが、酒がなかったらどんなことが起こったかわからない。

先に同僚たちがいる第五分隊に特攻命令が出たときには、「助かった」ではなく、「今回は行かないだけ」で、時間の問題だと理解していた。皆もそういう感覚で、順番待ちが当たり前という気持ちだった。実際、この分隊で特攻指名から外れた同期生十数名がものすごい形相で分隊長に詰め寄って、「なんで私を外したのか⁉」と食ってかかっているのを見た。

元山で特攻隊員の鹿屋への移動を見送る隊員
(元海軍第14期専修飛行学生・大之木英雄氏提供)

もっともつらかったのは、薄暗い学生舎の裸電球の下で自分の行李を引っ張り出して、その上で遺書を書いているのが離れたところからも見えることだった。鬼気迫るというのはこういう形相を言うのだろう。とても怖くて近づけなかった。

ただ、はっきり言えることは、二十年四月四日、特攻の同期生たちが元山から鹿屋へ向かっての出発で、「総員見送り」の眼前一メートルのところを新調の飛行服で身を包み敬礼しながら歩いていく彼らの眼がとても澄んでいるように見えたことだった。あの、なんとも爽やかな表情は、それまでの悩み、苦しみを乗り越えた人間の姿だった。

この話は大之木氏から言葉を換え、順序を入れ替えて何度か聞いたが、何度聞いても衝撃が新たに湧きおこる。私が編集を買って出て呉水交会から発行された『大之木英雄 寄稿・講演集』（二〇一四年二月）を読み返すとそのたびに感慨を覚える。

「出撃の直前にはやはり水盃だったのでしょうね」

……とてもそんな質問ができる雰囲気ではなかったし、尋ねるつもりもなかった。特攻に決まった搭乗員たちがよく酒を飲んでいたことはわかった。その気持ちは私にもよくわかる。

特攻に散ったある飛行予備学生と酒

大之木氏と同じ時期の学徒出陣で海軍十四期飛行専修予備学生となり、特攻で散華した若者たちは、個人の出身経歴や戦局背景と合わせてそれぞれ特異なものがある。

産経新聞で二〇一五年四月に連載された戦後七十年特集「特攻」の中から二人の〝場合〟を抜き書きしてみる（本書では匿名にする）。

大之木英雄氏の同僚の特攻出撃の朝の風景。6時間後に散華。この写真には胸を打たれる

　早稲田大学から学徒出陣したE氏は航空基礎訓練を受けたあと串良飛行場（鹿屋の東部で、海軍鹿屋航空隊の所属部隊）から二度出撃した。二度というのは不時着などで帰還せざるを得なかったからだ。二回とも前夜に遺書を書いたという。それを考えただけでも胸中を察する。遺品も整理もした。「地獄は一回だけでよい」と思っていたのに二度も……。

　一緒に部隊にいた年下の予科練の搭乗員から、「笑って死にましょうね」と言われて立派だと思った。E元中尉の体験は、二度目も帰還したことで後世に伝えることができる。

　もう一人は東京農業大から特攻隊員となったM少尉（戦死後大尉）で、M氏は昭和二十年四月二十九日に鹿屋基地を出撃し、南西諸島海域で特攻死した。残された日誌はノート八冊におよび、出撃直前までの心境がつぶさに記されていると紙面は伝える。

　特攻命令が下ったのは二十年二月二十二日。「一大記念すべき日なり。私の、身を心を祖国に捧げ得る日が約束された日だ。何たる喜びぞ……（中略）……われら特攻隊員となり得て散らんも心残りあらん」と書かれていた。

　しかし、数回の特攻訓練を受けたあと、いよいよ出撃に備えて鹿屋進出をする時期になると心境にも微妙な変化が起きてきたようだ。

「私の美しき心の表現となさむために作りきたこのノートも、四月一日の夜をもってすべてが失われたり。即ち酒だ。酒、酒、酒。すべてを破壊するものは酒だ。私は酒に負けた。父上の教えを守り得なかった」

と結んである。

当時のM少尉のこの心境を理解するのはむずかしい。富山（黒部市）出身というこの人のノートには、懐かしい故郷の風物や将来の農業事業、黒部川対策の灌漑水路整備など、おおよそ酒とは関係ないことが多く書かれているようで、家族の手紙もそれに答えたやりとりだったようであるが、出撃が決まるといきなり「酒」が出てきて、

「海軍の生活では常に父上の教えを守りました。酒に負けたと書いたのは、私の主観をもって見たる良心的反省です。そしてだれにも負けない修業をしたと信じます」

と、本人以外には安易に解釈できない文面になっている。安らぎを求めながら、酒でしかその苦悩を撃ち破る（破壊）ことができなかったという意味だろうか。「酒に負けた」とはそういう意味にもとれる。悲痛な叫びを残してM少尉は鹿屋をあとにした。

鹿児島には、特攻基地となった海軍の鹿屋、陸軍の知覧、万世、指宿があり、私は鹿屋で三年近く勤務したので各特攻基地跡の現在の静かな南九州の姿と重ね合わせようとしてもなかなか実感が湧かなかった。昭和五十一年十二月、鹿屋に着任したときはまだ基地のボイラー室横のコンクリート製の高い煙突に無数に残る爆弾や機銃掃射の弾痕が見られた。老朽化で倒壊の危険があるというのでちょうど撤去寸前だったが、感じるものがあった。

初夏になると鹿屋の滑走路周辺には「特攻花」が咲く。野菊のような小花である。この「特攻花」――学名はさておき、花の名は大金鶏菊《オオキンケイキク》とか天人菊《テンニンキク》というらしい。これを特攻花とするのは異説があって、本来は繁殖力のある外来種なので戦争末期にはまだなかったともいう。

特攻花というのは「桜花」が正しいとする説が多いが、私が当時勤務していた鹿屋航空基地隊厚生隊に属する防衛庁共済組合の年配の女子組合員（本田さんといった）は、鹿屋航空隊に勤めていた母親から「これが特攻花」と教えられ、滑走路の近くで摘んで特攻機を見送ったと聞いていると語っていた。四月なかば過ぎだったか、「隊長、特攻花が咲きましたよ」と摘んできた数本を私のところに持ってきて見せてくれた。鹿屋基地で手にした花を打ち振りながら特攻を見送る写真も見たような記憶がある。

桜は南九州では通常三月下旬から四月上旬、大金鶏菊は四月なかばから六月中旬までが花期なので、花があれば何であれ、出撃する特攻機の見送りには心情として花を添えたくなる。大金鶏菊はなかったはずとか言うほどのものでもない。近くに野草であれ切り花であれ、手近にあれば何でも手にして見送った女子もいたのだろう。写真の花は桜ではないことは間違いないが、見分けはつかなかった。

特攻花のことを長々と書いたが、鹿屋でも、ついぞ水盃のことを聞いたりこちらから尋ねたりしたことはなかった。

最近のこと、「鹿児島はなんといっても焼酎だから、水盃も焼酎を使ったのだろうか」という真面目な質問を受けたことで、この際、「水盃」について考察してみようという気になって、鹿屋での勤務を足掛かりにしたまでである。

「回天」搭載の潜水艦艦長

明治以降の近代戦での水盃についてとくに零戦による特攻のことだけ書くのは言葉が足りないことはわかっていながら、想像の範囲でも飛行機は具体性があるので引き合いに出しているが、航空機にはほかに人間爆弾と言われた「桜花」や、また、舟艇には人間魚雷「回天」、「海竜」もあり、甲標的の特殊潜航艇、蛟竜も生還の確率からは特攻に近い。ほかにも、生死を分けたいろいろな出撃方法が実際にあったので、「別れの杯」には想像を超えたドラマもあったことと思われる。

兵学校五十九期に折田善次元海将がいる。このクラスは百二十三名中四十五名が戦死したが、終戦を迎えた人には海上自衛隊の創建に力のあった人が多い。相生高秀、大野義高、滝川孝司、永井昇、西村友晴……私の年代の元海上自衛隊員には懐かしい将官の歴歴で、身近に接した人もある。西村海幕長には三等海尉の分際で一度だけ決裁文書をもらいに海幕長室に入ったことがある。昭和四十年のことだった。第一術科学校校長、練習艦隊司令官等を歴任した永井昇氏には後年（昭和末期）、海軍史の確認等で数回会い、戦時中のエピソードな

「回天」を搭載した乙型改１潜水艦伊44潜と「回天」隊員の見送り

どを聞くことができた。永井氏もコレス（機関学校、経理学校出身者）を大切にする人で、私が海幕補給課衣糧班長のとき、最初に永井氏のほうから訪問を受けたのは経理学校出身（二十期）の瀬間喬氏の出版物の海幕買い取りの相談だった。貴重な出版物なので六十部の購入予算を手配したことがある。

折田善次氏は昭和十九年七月に艤装員長を経て伊四七潜艦長となり、十一月に回天特攻戦第一号艦艦長となった。一等潜水艦の伊四七潜は丙型潜水艦（二千五百五十七トン）八隻のうちの一隻だった。

戦争中、日本海軍は百三十隻あまりの大小の潜水艦を保有（建造は二百四十隻に及ぶ）していたのだから、戦いや事故による犠牲者も多いが、特攻兵器として考案された「回天」の出撃は飛行機の搭乗員に近い環境にあると思われる。人間魚雷搭載潜水艦艦長として出撃を見送ったもう一人の艦長の当時の沈痛な所感も合わせて抜粋する。『艦長たちの太平洋戦争』（光人社NF文庫）に寄った。

折田艦長は四度にわたる「回天」出撃に任を果たしたが、第一回は昭和十九年十一月八日、伊三六、伊三七とともに三隻の〝菊水隊〟が編成され、それぞれ四隻ずつ「回天」を背中に積んで呉を出港した。このとき折田艦長の潜水艦で運ばれたのが仁科関夫中尉（兵学校七十一期）ほか、福田斉中尉（機関学校五十三期）、佐藤章少尉（九大）、渡邊幸三少尉（慶大）で、仁科関夫は黒木博司（機関学校五十一期。訓練中殉職、死後少佐）とともに「回天」創案者として知られる。

折田艦長は昭和二十年五月まで四度、計四十四基の出撃「回天」を運び、見送ったという。そのつど「回天」搭乗員と数日間艦内で過ごすことになるが、そのときを振り返って戦後、折田善次氏が語った言葉（昭和五十四年十二月）が印象的で、それを紹介したいがためにまえおきが少し長くなった。その所感とは、つぎのとおりである。

「回天の搭乗員たちは神様ですよ。ほんとうに神様。私どもには、とてもできませんね。何月何日の何時何分には死ぬ、ということが一ヵ月も前からわかっているんですよ。それなのに訓練に精を出すし、毎晩の起居動作など、全然いままでと変わらない。

もう十日も生命はないわけですよ。それなのに『お世話になります』と全員に挨拶してね。乗員の邪魔にならないように艦内の隅っこでじっとして、暇なときは米艦の模型を出して、あっち向けたりこっち向けたり測的の訓練や海図を広げて、どこをどう進むかとか熱心に研究してるんですよ。

攻撃日が迫ってきても焦るという気配はまったくありませんでしたね。淡々として、そしていつもにこやかで、食事のあとなど、軍医長を相手に囲碁をやったり、ほかの者と将棋

水中特攻兵器（人間魚雷）「回天」。靖国神社博物館遊就館に一部複製されたものが展示されている

広島に投下した原爆をテニアンへ運んだ米重巡インディアナポリス（1945年７月、米本土出港前のメア・アイランドで撮影）

やトランプをやったり、ほんとうに落ち着いたものでした。かえって私どものほうが緊張して日に日に食欲は減退、食事もせいぜい二口くらいしか喉を通りませんでした……（後略）」

運命が決まっているこういう環境のなかで折田艦長が見た「回天」搭乗員の姿は、まさしく「神様」としか思えない。

折田善次氏と兵学校が同期の橋本以行元中佐は終戦末期に広島に投下した原子爆弾をアメリカ本国からテニアンへ搬送を終え、レイテへ向かう途中の米重巡「インディアナポリス」を撃沈した伊五八潜水艦艦長として知られる。

話が混乱するかもしれないが、伊五八潜のこのときの水雷長は田中俊雄大尉（兵学校六十八期）で、私の幹部候補生学校当時の学生隊長だったから「インディアナポリス」を沈めたときの状況も詳しく聞いている。

夜間だったが、このあたりには日本の艦艇はいないはず。駆逐艦か巡洋艦かの艦種さえよくわからなかったらしい。それが原爆をテニアンに運んだ「インディアナポリス」だったとは戦後知ったという。この人を知る者ならわかるが、けっして自慢めいた話ぶりではなく、半人前の候補生にもわかるような戦争体験の一コマとしての米潜撃沈談だった。どういう任務を帯びていた戦艦だったかは知らずとも、「早く発見して沈めていたら広島の被爆は免れたかもしれない」とも田中学生隊長は言っていた。

橋本以行氏は開戦当時から潜水艦乗りとして多くの体験をしている。真珠湾攻撃に際して特殊潜航艇を搭載して出撃したのは伊二四潜の水雷長のときだった。

「インディアナポリス」撃沈より半年早い年の瀬に、伊五八潜艦長橋本中佐は、石川誠三中尉（兵学校七十二期）、工藤義彦少尉（大分高商、三期予備士官）、森稔二飛曹、三枝直二飛曹の特攻隊員四名を乗せて豊後水道を一路南下した。南大東島付近で元旦を迎えたので、普段は航海中禁酒であるが、この日にかぎって昼食に酒を少し付けたという。

「回天乗員の石川中尉と工藤少尉とは毎晩食事を士官室でとるので顔馴染みになっていましたが、三枝、森飛曹は普段は兵員室なので、せめて元旦だけでもと思って二人を士官室に呼んで一緒に食事をしたんです。でも、窮屈だったようで堅くなっていましたね。

いろいろ話しかけて食事をしたのですが、この予科練出身の若者たちはようやく数え歳が二十、十九という少年なんですよ。私には、彼らが発進したら二度と還ってこないとわかっているだけに心苦しく、悲壮な想いでしたねえ。しかし、そのころは特攻でなくても帰らぬ者がおおかったし、我々だっていつ爆沈するかわからんわけです。まあ、遅かれ早かれ同じ運命なんだと思うと彼らを送るのもいくらか気が楽になりましたけどねえ……」

出撃直前の「回天」乗組員への壮行の状況や激励の言葉がどういうものであったか、書かれたものに出遭うことはなく、まして〝水盃〟に関する記録は、たとえあったとしても、とても知りたいとは思わない。さきに記した大之木英雄呉水交会名誉会長が、元山航空隊で出撃のため鹿屋へ移動する同期生に、「じゃ、元気でナ……」と言って送り出したが、「あれは、自然に出た言葉ではあったが、考えてみれば理屈に合わない」と手記の中にあった。こういうときに、何と言って送り出すかも、言葉が見つからないのもわかる。

潜水艦搭載航空機による米本土攻撃作戦の陰で

これまでの体験記の多くは士官の実体験をもとにしているが、戦争中の下士官兵にもその士気の高さをまなぶところがある。

昭和十一年に一般水兵として横須賀海兵団に入隊し、水雷マークから潜水艦乗りとなった槇幸《まきこう》元兵曹長の著書に『潜水艦気質《かたぎ》よもやま話』（潮書房光人社、昭和六十年刊）という体験記がある。日本海軍は同書に登場するこのような下士官兵によって力が発揮されていたのだなあ、と感じるところが多い。

戦争中は飛行機を搭載していた潜水艦もあったことは知られるが、どのように搭載し、発艦させ、着艦（着水）させ、収納していたのか、その管理、運用を考えると気が遠くなる。

伊二五潜というのは前記した折田善次氏の伊四七潜（丙型潜水艦）より四年前に建造された乙型潜水艦（二千百九十八トン）で、水偵（水上偵察機）を搭載していた。

水偵は普段は分解格納され、発艦のときに組み立て、帰艦で着水したらデリックで吊り上げて上甲板でまた分解し、部品に万遍《まんべん》なくグリスを塗って収納するという面倒な手順になる。

その発艦命令も戦況によってたびたび変更される。それも、組み立て、分解作業は前線なので常に夜間。暗い上甲板で赤い布切れをかぶせた懐中電灯のかすかな灯りを頼りにビスを取り出したり、納めたり。ビス一本海中に落としてもいけない。甲板から足を滑らさないようにふんばりながらの作業……気が遠くなるというのはそういう意味である。

組み立てても飛ばす必要がなくなったり、急に作戦中止になることもある。そうなるとただちに分解。飛ばしたら帰ってくるまで母艦は警戒しながら夜空を凝視して待つ。

そういう、潜水艦搭載の水偵でアメリカ本土を攻撃しようというのだから無茶な作戦に見える。この作戦は開戦と同時に発動され、槙兵曹は最初の米本土爆撃作戦に参加、十七年には潜水学校教官、その後、第六艦隊司令部勤務等を経て呉で終戦を迎えた。伊二五潜は十八年九月、消息不明になる。

水偵による顕著な戦果はあまり確認されていないが、オレゴン州北部のアストリアには広い原生林があり、そこへ飛行機を飛ばして森林火災を起こそうという最初の作戦は、あるていど成功したようで、米国内のラジオがその被害を伝えたという。その後まもなく潜水艦の水偵搭載は止められ、その格納庫スペースに「回天」を積むことになった。

アストリアはコロンビア川河口で、七十マイル南東がポートランド。その間は今も原生林のような森林地帯になっている。私はたまたま二〇一四年七月にこのあたりを車でくまなく走ったので時がたっていても状況がわかる。コロンビア川というのはポートランド市の二百五十マイル川上でも対岸の道路は見えないくらい広い。そういう広大な地域に山火事を起こ

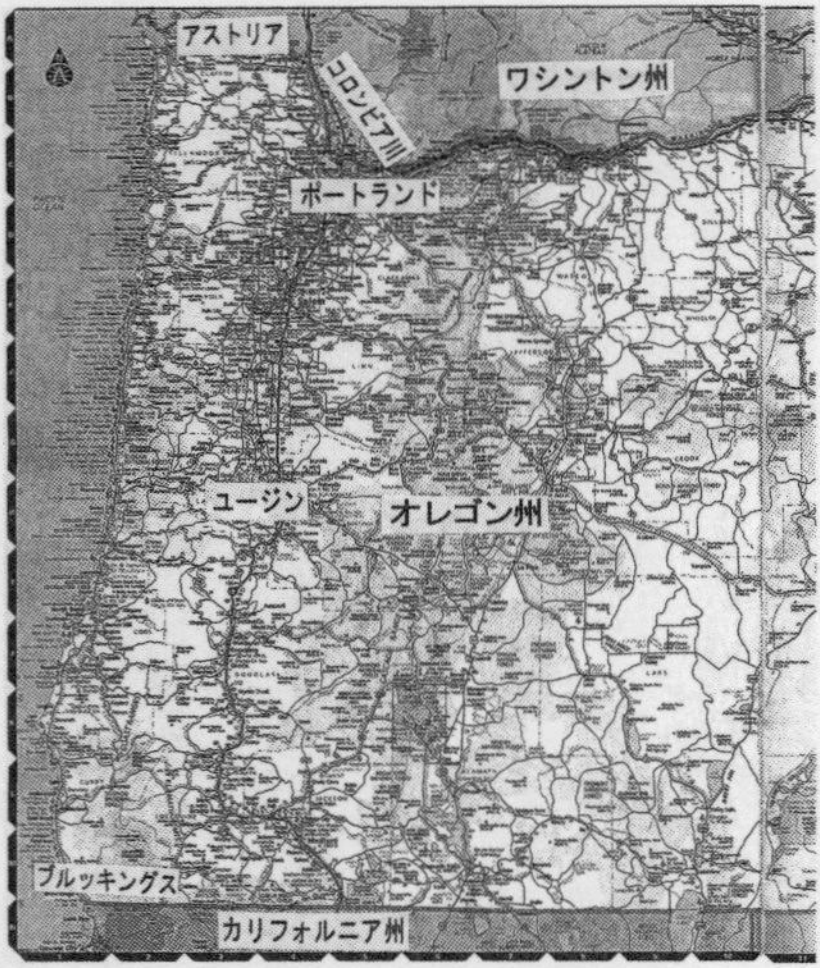

日本海軍潜水艦搭載の航空機による
被害を受けたオレゴン州の地形図

そうというのだから壮大な計画だった。

潜水艦搭載飛行機によるアメリカ本土（オレゴン州）爆撃はいくつかの実績がありながら、戦史でもあまり目立たなかった。『アメリカ本土を爆撃した男』（倉田耕一著、二〇一四年、毎日ワンズ社刊）には、潜水艦から発進した海軍中尉藤田信雄機がオレゴン州ブルッキングス市（カリフォルニア州との境の西海岸）近くの森林を二度にわたって焼夷弾爆撃を敢行した記録が詳しく書かれている。

たんなる戦記ではなく、戦後はブルッキングス市から戦争中の「敵ながら天晴《あっぱ》れ」と功績を称えられて地元のイベントに招待され、その恩返しとして同市への奉仕活動をする美談も語られ、アメリカ大統領から星条旗を贈られた逸話なども織り込まれている。

水偵搭載の潜水艦には操縦する飛行兵曹も数名乗っている。航空母艦なら当然、搭乗員や整備員がいるが、潜水艦と飛行機搭乗員の共同生活はめずらしい。

米本土爆撃が迫ったある夜、ミッドウェー海戦の結果もわかっていて、

「くよくよしたって始まらん。いっぱいやろう。とっておきのサントリーがある」

「そうか。お前、物持ちがいいな」

と奥田飛行兵曹と槇兵曹たちは別離の宴を開いた。

潜水艦の水偵は特攻以前の時期のことであり、ウナギの缶詰で別れの宴と言っても、いわゆる「水盃」で見送るというものではないが、やはり別れ（死ぬかもしれない）が近くなると飲み交わしたくなるのは酒だった。御神酒のような縁起を担《かつ》いだり儀式的なものではなく、やや意味のある日常的な「酒」だったと思う。「サントリー」と固有名詞があること、「サントリーを持っている」「物持ちがいい」ということから昭和十七年ごろの海軍とウイスキーの雰囲気もわかるような気がしたので書いた。

いろいろな戦記物や体験記を読むかぎり、下士官兵が艦内で飲酒による目立った乱行、事件はなかったのではないか、日本海軍の下士官は士官よりも節度があったのではないか、という見方も出来そうである。

特攻要員だった叔父の場合

特攻で往《い》った陸海軍の若者は学徒出陣のほかにも多数いる。海軍でいえば予科練がそうだ

った。予科練（予科飛行練習生。制度創設は昭和四年に遡るが、昭和十一年に改称）にも時期によって甲飛、乙飛、さらに丙飛に分けた養成方法ができた。昭和十八年には戦局悪化から、乙種をさらに短期養成のため乙種（特）飛行予科練習生（特乙飛）という制度を設けて乙飛から選抜した。ほかにも特攻要員には少年航空兵から募る方法もあったようだが、詳しいことはわからない。

わからないことをくどくどと書くのは、私の身内に「特攻」寸前で終戦を迎えた大正十四年生まれの叔父がいて、それが、年齢や学歴からみて特乙飛だったのではないかと今になって思うので、叔父の経歴を辿ってみたいからである。昭和十六、七年当時、叔父は熊本から上京して中野区大和町の私の家《うち》に寄寓して大崎の電気学校に通っていたが、海軍航空に行くことになったと言って家を出て行った。その後、土浦にいるという話は親から聞いたが、こちらはまだ五歳くらいの子どもで何のことかわからないまま終戦になった。

私の母の話によると、叔父は戦争末期には佐世保に居て、特攻要員になっていたらしい。佐世保というのは海軍大村航空隊のことだろう。二十年の八月には、上司から「頼むぞ！」とまで言われて盃まで交わしたというからその覚悟でいたらしい。そのときの「さかずき」というのがどういうものであったか聞かずじまいになった。水盃のようなものではないようであるが、航空隊の上司は両手を握って涙を流しての「頼むぞ！」だったというから、時間的に切迫したものだったと想像できる。

「そこまで言わるっとしゃが覚悟せんわけにはいかんもんなァ」と、これは、復員間もないころに本人が母にしゃべっているのがそばで聞こえた。

特攻敢行寸前で終戦を迎えた若者には〝特攻くずれ〟と言って、戦後、荒れた生活をする者も見られたようである。叔父は二十八年ごろ事業の失敗もあってか、故郷を離れ、ある宗教に集中した生活をするようになった。二十年くらい前まで、在住地の奈良から長文の手紙をしばしばもらったりしていた。あまりにも次元の違う人生観について行けず、こちらから音信を閉ざした。

生死を分けた環境を体験した軍人兵士の戦後の生き方はさまざまである。この叔父の近況は、ほかの親戚でさえ今は知らない。

水盃で出撃はほんとうだったか

鹿屋からの特攻の水盃には焼酎を使ったのだろうかという、真面目な質問を受けたことから、「水盃」の由来や、特攻の出撃模様をもとに真摯な気持ちで真偽を探ってみた。

簡単に「水盃を交わして出陣した」と書いた小説などもあるが、現実は雰囲気がかなり違うのではないだろうか。水盃で送り出すというのは、まさに「死んでくれ」と言っていることで、自分が一番よく分かって死地に赴く者に向かってさらに拍車をかけるようで酷である。時代劇映画の場面などとは厳粛さが違う。大之木英雄氏が元山で、「じゃ、元気でな」と言

鹿屋航空基地での出陣と水盃

って現実にそぐわない言葉しか出なかったという話は分かるような気がする。

百田尚樹氏の著作『永遠の0』ではどう扱われていたか、読み返してみたら、一ヵ所だけであるが、終章（第十三章）に出陣の情景があり、「水杯の儀式を終えて、それから全員飛行場に向かった時……」という場面があるのを見つけた。小説なのでそのまま素直に読んでしまうが、映画ではどうなっていたか、かえって確かめないままにしている。

撃墜王・坂井三郎氏の『大空のサムライ』（潮書房光人社）も再読してみた。木更津に降り立った時の水のうまさを書いた個所はあるが、水さかずきや酒のことは見いだせなかった。

こういうことは実際に体験した人に聞けばいいのはわかるが、水盃を飲んだという人を探すのは困難で、たぶん不可能に近い。理由は説明するまでもない。

それでも気になっていたところ、NHKが大東亜戦争中に日米両国をはじめ関係国で撮影されたモノクロフィルムをデジタルでカラー化した『カラーで見る太平洋戦争』という特別番組を終戦記念日特集として放映したなかに昔何度か見た特攻出撃での水盃の画像が四回も登場した。

いずれも数秒の動画であり、ほとんど画像だけだったが、やはりパイロットたちが手にしているのは神事で使う平べったいカワラケではなくやや大きめのお碗型の盃（杯）だった。実際の場面を撮影したものとしか考えられないが、写す側もつらい気持ちだったに違いない。しかし、行き詰まった時局のこと、むしろ淡々と写すことがカメラマンの任務であり、プロとしての仕事だったのだと思う。

水盃はその由来から、御神酒とは違うこと、神事ではなく、仏典の一つにあるらしいことは前記した。そうかといって純粋な仏事ではないようで、釈迦伝説の「死に水」の逸話が「末期の水」になり、「水盃」に転化していったのではないかと私は勝手な解釈をしている。しかし、これが最期というときには御神酒に似た形をとって、日本酒で儀式的なけじめをつけるのが日本人の自然な感情ではないか、水というのではいかにも水くさい、清酒を使ったとしても、訣別時の象徴として「水盃」と称したのではないか……そんなことも考えられる。念のため、海軍の礼式規則などに手がかりがないか、規則、礼式を復刻した『海軍制度沿革 巻七』（「明治百年叢書」原書房）も調べたが、その方面の実施要領のようなものは見いだせなかった。もうそんなことを制定している時局ではなかったのだろう。

「海軍と酒」というテーマで厳粛な水盃にまでふれるのに躊躇したが、避けて通れない歴史として敢《あ》えて取り上げてみた。水盃を交わすようなことがない日本の将来を願って……。

第7章　知って飲むとさらに味わい深い酒の雑学

「海軍と酒」のテーマを拡大しながら書いてきたが、拡大ついでに三つの項目を設けて本書の締めくくりとしたい。「海軍と酒」には直接適合していないが、海軍歴史研究と本来の栄養研究を重ねた著者のアルコール飲料に対する〝海軍式私見〟だと思って読んでいただきたい。

とくに酒と栄養の関係はかなり誤解されていながら、専門分野から分かりやすく書かれたものがないので、飲む人も、飲まない人も、また、飲めない人にも役に立つと思われることを書いたつもりでいる。

焼酎から蒸留酒文化を考える

醸造酒は蒸留酒よりも造る手間がかからない（そうとも言えない点もあるが）こともあって世界各地に、それぞれの風土の中で生まれた醸造酒がある。文化度が低い民族でもたいてい酒に類する飲みものを持っている。醸造酒は自然発生的に生まれた文明であると前に書いたのもそういう意味だった。

イヌイットのように、アルコール原料になる食材がなかったため酒とは無縁だった民族は例外であるが、今では輸入ワインなどを飲むようになったらしい。アザラシ肉には赤ワインというのでもないだろうが、歴史的にアルコールと縁のなかった人種がいったん酒の味を知ると、昔の西部劇のインディアン（先住民）のようにハメを外すことが多くなるらしい。時代が違うので、イヌイット種族の飲酒には余計な心配かもしれないが……。

東南アジアの椰子酒は前記したように日本海軍が戦争末期に調達品目の一つに入れていたくらいなので珍しくはないが、モンゴルの馬乳酒とか、南米のチチャ酒になると、醸造酒でも飲むチャンスがない。

蒸留酒になるとさらに産地が限定される。物好き相手か、通販などで、ポーランドのアルコール度数九十六の「スピリタス」、メキシコの芋虫が一匹入った竜舌蘭酒「グサーノ・ロボ」、サソリを入れた「サソリ酒」なども今は取り寄せることも出来るのがわかった。わかったからといっても、トカゲ（キノボリトカゲ）が一匹ビンに納まった中国の「イグアナ酒」（桂林産）やハブ、マムシ、コブラの粉末を混ぜたという「三蛇酒」などは本来の酒とは言えないので取り寄せてまで飲んでみたいとは思わない。

以前、桂林で猛毒だという蛇（中国人の言うことはオーバーである）を料理してもらったとき、生き血を焼酎のようなもので割って飲んだら、たちまち体がカッカとほてってきた。ウェイターが「どうだ？　効くだろ？」と得意げな表情でこっちの顔を伺《うかが》うが、ほてるのは

本格焼酎の源流を詳述した地元出版本『球磨焼酎』（球磨焼酎酒造組合刊）

生き血よりも得体のしれない〝焼酎〟のせいだったようだ。これはヘビ酒とは言えない。

ということで、醸造酒やアルコール漬飲料や薬用酒のことを書いてもキリがないので、蒸留酒として日本人にはウィスキーに継いで馴染み深い焼酎のことだけ書いておきたい。

「マッサン」効果で、このところニッカもサントリーも原料不足が予測されるという。ウィスキー造りには年月がかかる。その点、焼酎は熟成期間が短くてすむ利点があるので、焼酎の良さを見直そうというキャンペーンではないが、蒸留酒の代案として焼酎を取り上げることにした。ここでいう焼酎とは乙類（旧来の単式蒸留法による焼酎）に限ることにし、明治二十三年ごろから連続式蒸留法により製造されるようになった〝新式焼酎〟の甲類焼酎（梅酒などに使うホワイトリカー）についてはよく知らないので除外する。

私の郷里の熊本県人吉市（高木惣吉海軍少将の出身地）・球磨地方は長い伝統のある焼酎の産地である。「酒と戦術」の最初にヤマトタケルの熊襲征伐のところで地元酒造組合の想像をもとに少し紹介もしたので関連性もある。

球磨焼酎酒造組合（人吉市麓町）が編集した『球磨焼酎』（二〇一二年、弦書房刊）によれば、記紀（古事記・日本書紀）に登場する「醸《から》き酒」こそ球磨焼酎の元祖だという仮説もあって、古代日本にクマソ文化という、モロミを搾《しぼ》るだけの腐敗しやすい日本酒を越えた蒸留酒文化があったのではないかと、地場産業のＰＲを兼ねた説明がされている。

しかし、焼酎は戦前戦後の粗雑な普及品の影響か、アルコール飲料のなかではイメージでずいぶん損をしている。

「あそこの旦那は朝から焼酎を呑んでる」と聞くと、ずいぶんだらしない亭主のように受け取れる。ガウンを着てナイトキャップのブランデーを愉しんでいるフランスやイギリスの一家の主のイメージとはずいぶん違う。「飲む」と「呑む」は本来同じ意味であるが、講談で中山安兵衛を「呑兵衛安」と言うといかにも大酒のみに聞こえる。

昔、やきとり屋で「ショーチュー」――略して「チュー」といえば、空《から》の一合マスにコップを立てて、タオルの向こう鉢巻をしたオヤジが目の前で一升瓶から安モノの甲類焼酎を注いでくれた。そのときの焼酎は並々を越え、表面張力で盛り上がったコップのふちからさらにいくらかこぼれる注ぎ方でないと客は承知しなかった。客はジッとそれを見届けてから、口から先にコップに近づけ、三口ほど飲んだら、枡の中にこぼれた焼酎を左手でコップに継ぎ足す。それが焼酎のしきたりのようなものだった。たしかにスマートな情景ではない。

さきに「ウメで」と言うと、最初に少し梅酒を入れたあとに焼酎をそそぐ。梅酒の濃度との比重の違いでコップの中はモヤモヤと液体が混じり合うのを見るのもいいものだった。

海軍では「スマートで　目先が利いて几帳面　負けじ魂　これぞ船乗り」が躾《しつ》けの基本で、とくに士官はスマートや几帳面が重視された。海上自衛隊になってからも同じマナー教育を受けた。幹部候補生学校では海軍時代と同じ心得を叩き込まれた。

昔もらった教育参考資料に「海軍初級士官心得」というのがある。もう五十年以上手元に置いてはいるが、実行するのに難しい事項が多い。その(1)では「熱と意気を持ち、純真であれ」とある。「純真」は年齢的にも難しいが、熱と意気は歳をとっても持ちつづけたいものである。「日常坐臥、研鑽に努めよ」(7)や、「技術に対する関心を深めよ」(14)、「公私の別を明らかにせよ」(20)などは年齢に関係ない。いまでも心がけている。三十項目あって、その最後が「上陸して飲食や宿泊するときは、一流の店をえらべ」となっている。前記の、やきとり屋での焼酎など論外ということになる。

候補生学校のときそれを聞きながら、「そうは言ってもなァ……」というのが実感で、海上自衛隊幹部といっても高貴な人種でもなく、特別国家公務員という身分ではあるが、フツウの人間である。ただ、みっともないことはしてはいけないという自覚はあった。居酒屋や屋台の焼鳥屋に出入りすることはみっともないことではないが、「一流の店」というのはものの譬《たと》えだろう。焼酎呑んでどこが悪い、と言いたいが、前述の屋台の焼酎風景はあまりにも庶民的ではある。焼酎じたいにはなんの罪もない。むしろ文化度の高いアルコール飲料であるということを言いたくて少しくどいのを承知で書いている。

「焼酎」の字が見える最古の資料は、人吉の南の山を一つ越えた伊佐（現・大口市）の八幡神社の解体修理で発見された「永禄二年八月十一日」と記された落書きに見られるという。「其時座主ハ大キナこすてをちやりていちども焼酎ヲ不被下候何共めいわくな事哉」と本殿の剥木（補修材）の片隅に書いてあるのだそうで、昭和二十九年のことだった。

意味は、読んで推察できるように、「（発注者の）八幡様の神主（座主）はこすい（けちんぼ）人間で、欲深い。（普請中でも）一回も焼酎を出してはくれなかった。なんとも情けないことだ」と、鬱憤晴らしを見えない部分に墨書したものらしい。気晴らしといってもちゃんと名前を書いているところが憎めない。「作次郎・鶴田助太郎」と連盟になっているから、二人が密かに結束して書いたのだろう。永禄年間というのは、時代でいえば信濃・上越では武田信玄と上杉謙信が川中島を挟んで数回にわたる合戦をやっていた時期である。全国的にはまだ日本酒も濁《にご》り酒《ざけ》の時代で、モロミを蒸留した液体（焼酎）を造るアイデアはない。そのころ東南アジアの一部から長い年月をかけて穀物から蒸留酒を造る技術が伝わったのは琉球だった。それが泡盛で、焼酎の原形である。

ウィスキーの項でも書いたが、蒸留酒造りにもその国特有の文化がある。醸造酒が経験の産物だとすれば、蒸留酒は知恵の産物と言える。そういう知恵と科学の結集が私の故郷にあったのは誇りになる。

ちなみに、現在の人吉・球磨地方には酒造組合加盟の蔵元が二十八社ある。明治維新で酒税法が出来たことで造り酒屋も増減の変遷がある。明治三十四年には蔵元が二百十六に達していた。それだけ需要があり、それに応じる原料の米が現地で栽培できたということになる。球磨・人吉地方は今でも米どころである。

日露戦争や大東亜戦争前に蔵元数が増えているのは軍隊や戦備となにか関係があるのかもしれない。ただし、海軍でことさら焼酎を調達していたという証拠になるものは残念ながら見当たらない。ウィスキーに比べ税率も低いので案外よく飲まれていたのかもしれない。前出の海軍少将高木惣吉は焼酎の蔵元が多い地区（新町、麓町、西間下町ほか）なので、さぞ焼酎も飲んだのだろうと思っていた。

高木惣吉といえば、阿川弘之氏も一目置く良識派の海軍将校である。阿川氏（平成二十七年八月三日没）の短篇に『少将の墓』というのがある。鎌倉東慶寺にある高木少将の墓にまつわるエッセイで、

「高木惣吉海軍少将と言ったら、みなさんお分かりか。分からないようならあんたたち恩知らずだよ。『若い子と関係ないもん』と思うなら、あんたたち馬鹿だよ」

そんなことから書き進めながら、米内光政海相のもと、井上成美海軍次官から、終戦を見越した密命を受け、終戦工作に奔走した高木少将の功績を高く評価している。

「……昭和二十年八月十五日――この日を以て、無謀の対米戦争に、日本は何とか終止符を打てた。そのおかげで、こんにちこれだけ豊かな国になった。（中略）だけど誰が本土決戦を回避して、あの時あの線で終止符を打ったのか。（中略）それを阻止し、終戦の方向へ日本の舵を少しずつ少しずつ曲げて行った高木さんの命がけの努力については、詳細を略すけれど、あなたたちが（たぶん）大好きなフランスなら、公園のマロニエの木陰に「救国の功臣高木海軍少将』の胸像か美しいレリーフくらいが飾られていても少しもおかしくない」（渋谷敦著『積乱雲』から引用）

断片的引用で、前後の脈絡が分かりにくいかもしれないが、「あんたたち」とあるのは一

般的読者を通じての国民を差しているると思えばいい。高木少将に関する著作はほかに多数あるが、戦記物に登場する華々しい戦場体験のない（病気がちだった）軍人だけに、著述物はいずれも地味であるが、とくに工藤美知尋氏の『東条英機暗殺計画』（光人社ＮＦ文庫　二〇一〇年七月刊）、川越重雄氏の『かくて太平洋戦争は終わった』（ＰＨＰ文庫）がわかりやすい。

そういう私の故郷に立派な海軍将校がいたということと球磨焼酎とを結びつけるのは、いわゆる牽強付会（無理なこじつけ）もいいところ、我田引水の誹《そし》りを受けそうであるが、あえて引き合いにした。

その高木少将と球磨焼酎の関係である。私の予想に反し、少将は飲酒を遠ざけていたことが前出の渋谷敦氏の『積乱雲』（熊本日日新聞社刊）でわかった。惣吉が生まれたころから父・鶴吉の深酒（もちろん球磨焼酎）はしだいに嵩《こう》じてアルコール依存症になり、その酒乱はまるで海軍航空隊の「無礼講」を上回るような毎日で、しばしば警察の厄介にもなったという。そういう父親のなさけない姿を見て育ったのが高木の酒嫌いの原因なのだろう。海軍といえば、皆よく酒を飲んだと思われがちであるが、高木惣吉少将のような士官もいたことを紹介した。

「海軍と酒」の終章で、焼酎を礼賛しながら、アルコール類一切を忌避していた海軍軍人を取り上げる矛盾は重々承知のうえである。

人吉・球磨地区の焼酎造りの話をつづける。

蔵元が二十八あることは前記した。現在、全国的に焼酎製造業は増えており、人口比率と

多良木町は球磨焼酎の産地。筆者がとくに好きな常圧蒸留の「球磨の泉」

造り酒屋数を比較分析するのは難しいが、人吉・球磨地方に限っていえば、旧相良藩はもともと二万三千石の小藩で、現在の人吉市の人口も約三万四千、球磨郡は約一万五千七百、これに人吉西方の球磨村約四千を加えた総人口はわずか約五万三千人である。その半数を上回る女性数、さらに未成年者数を差し引いて男性中心に飲酒人口を推定すれば、せいぜい一万人弱だろうか。下戸もいる。蔵元数との推定飲酒人口比から、この地方はずいぶんと焼酎を飲んでいると推定できる。地元で生産される焼酎は総称して球磨焼酎というが、供給が間に合わないのか全国どこにでもあるというものでもない。目あての銘柄など私の住む広島でも見つけるのは難しい。鹿児島や宮崎産の焼酎は全国、ほぼどこにでもある。

つまり、地産地消といった需要と供給の仕方で間に合っているのではないかと思う。もったいない話である。近年、その品質が認められて海外輸出もいくらか延びてはきたが、欧州のウィスキー、ブランデーの税率との競合があって輸出が制約されているらしい。

球磨焼酎についてはもっと書きたいことがあるが、本書のテーマから逸脱するので、日本の誇る「第二の国産ウィスキー」ということで焼酎を推奨してこの項を閉じる。

知っておきたい酒とエネルギーの関係

ここでも「海軍と酒」からは離れた内容にはなるが、アルコール飲料のエネルギーについてはかなり勘違いされているところがあるので、アルコールに有縁の人にも無縁の人にも参考になるようなことを書いておきたい。

もっとも多い誤解は、酒の持つエネルギーをそのまま摂取した熱量にふくめて、「カロリーの摂《と》りすぎ」と判断してしまうことである。家族が生半可な知識で主人の飲酒量をそのままエネルギー換算することもあるようだ。酒量の多い一家の主への警告や飲み過ぎは肝臓に負担がかかるからという、肝臓の解毒機能を知っての心配であれば少しは科学的裏付けもあるが、酒＝カロリーという図式はあまり根拠がない。

アルコールの熱量と栄養素との関係についてはよくわからないところがあって、そのため同じ単位の熱量（キロカロリー）を一緒にしてしまうようである。実際には酒の熱量はわずかに利用される部分もあるが、大半は「エンプティカロリー」といって、体に蓄積されることなく、発散してしまうという考え方が現在では定着している。ビールをしこたま飲んでもエネルギーとして体に残るのはせいぜい二百キロカロリー程度といわれるのは、このエンプティカロリーによるものである。

昔——少し詳しく言えば——昭和三十二年ごろのこと、人気俳優石原裕次郎は食生活までマスコミが克明に伝えるほどだった。「裕ちゃんのメシはビール。瓶ビールのぐい飲み五本」——そんな記事もあって、当時、栄養学校学生だった私は寮の同級生とビールの栄養価計算までしたりしたことがある。

ビールは古代エジプトでも「液体のパン」と言われたくらいで、原料や醸造方法からもある程度のタンパク、ミネラルなど栄養成分が残るからアルコール以外のエネルギー量もある。しかし、ビールだけでは栄養バランスは保てない。裕次郎の〝ビールが食事〟はマスコミのオーバーな扱いだったと思う。

栄養学上では、飲食物の持つ有機成分（脂肪・蛋白・含水炭素）が体内での消化によって発生するパワーをエネルギーと呼び、その単位には「カロリー（キロカロリー）」が使われている。エネルギー量、カロリー、熱量はほぼ同義語であるが、間違いはこういうところから発生するのかもしれない。

栄養士は栄養の専門家なのでアルコール一グラムあたりの熱量七キロカロリー（正確には七・一キロカロリーらしい）とはどういうものか、飲酒によるエネルギー量を総摂取カロリーの中でどう扱うべきかある程度わかっている。「ある程度」というのは、前述したようにアルコールのエネルギーにはよくわからない部分があるからだ。医学や栄養学にあまり通じていない人にはこの「単位」を同一視してしまうことがあるのではないかと思う。

一般に栄養士は女性が多く（これも一般的に……だが）、女性は男ほど酒を沢山飲まないからか、経験（？）不足で、相談されても答えにくい面がある。「お酒はなるべく控えてください」とか「休肝日を設けたほうがいいですよ」と教科書的なことしか言わない。そんなことは聞かなくてもわかっている。わかっていても飲むのが多くの酒好きの、とくに男たち。酒をあまり飲まない栄養士から、どういう控え方がいいのか、酒の量や酒の種類、酒に合った副食の摂り方など細かいアドバイスを期待することはできないだろう。

医者は医学の専門家であって、栄養と料理の関係についてまでは深く関われない。栄養学が医学の範疇にあった大正初期まではそれでよかったが、栄養学が独立した研究分野になったことで、栄養と料理を関連付けた研究が複雑になったからだ。医者や栄養士が日本酒やビールをそのまま摂取カロリーにふくめるということはないにしても、アルコールが肝臓などに及ぼす弊害を決まり文句で警告するに留まらざるを得ない。

「赤ワインは動脈硬化予防のポリフェノールがあるから飲んだらいいですよ。ボルドーのシャトー・プルミエ・グラン・クリュ・クラッセなんか、お値段は少々高くても一九九九年ものなんか酸味とスパイス味がうまく絡み合って素晴らしい赤ワインです」などと言ってくれる栄養士がいたら素晴らしいが、いたとしても「この栄養士、何言ってるんだ」と思われるだけだろう。やはり、栄養士に酒の上手な飲み方を求めるのは無理というもので、自分で研鑽するほかない。「酒のつまみ」というが、酒の肴も健康管理上は大事な要素になる。

私は栄養学校で専門教育を受けたが、校主の佐伯矩博士のある日の講義で、つぎのようなことを聞いた。

「酒は社会的に害毒とする考え方があるが、それは間違っている。酒がない社会を考えればわかることだが、世の中はかえって混乱する。アメリカの禁酒時代がいい例である。犯罪がはびこり、脱税による経済も悪化した。大切な穀物をアルコールに変えて飲むことに異論もあるが、酒は人間社会に役に立っている部分も多い。大切なことは、酒の飲み方にある。人類は酒をもっと大切にしないといけない」

世界的栄養学者（当時八十五歳）のアルコール飲料に対する考えを卓見として受け止めた記憶がある。私は学校卒業後、短期間であったが佐伯博士の身の回りの世話をする仕事に就いて、博士の食事づくりにも従事したが、博士自身は日常、飲酒をすることはなかった。

仕事仲間が誘い合って居酒屋での飲み会とか、夏ならビアガーデンの生ビールで賑やかにやれば、「よし、明日からも頑張るぞ！」というパワーが出る。コミュニケーションにも役立つ。いうなれば、それが酒の〝エネルギー〟なのである。科学的な熱量ではないが、精神的エネルギーというものも大切である。飲めばかならず元気が出るというものでもないが、時と場合で「酒はいいものだ」と思うときが酒のエネルギーなのだろう。

酒の勢いという言葉があるが、いい意味では使われない。へべれけもいけない。本当のいい酒というのは精神的パワーが出る飲み方である。それがわかっていながら、ほろ酔いから酩酊……さらに泥酔、昏睡に至ることが海軍でも見られた。酒の恐いところでもある。

以上のことからわかるように、酒の熱量は栄養学上のエルネルギーとは〝まったく〟別物なので、その発生熱量を書いてもあまり意味はない。アルコール飲料のエネルギー量、栄養成分等は食品成分表の「嗜好飲料」の項に詳しく分析値が掲示されてはいる。食品成分表の数値は基本的に百グラム単位なので、たとえば、清酒なら一合（百八十cc）に換算しないとピンとこないが、換算したところであまり意味はない。

アルコールは栄養素ではないが、一グラムあたりエネルギー量から、四十度（アルコール分四十パーセント）のウィスキーは重量換算で三十三・四グラムのエチルアルコール量となり、ウィスキー百ccを飲むと二百三十七キロカロリーになるそうだ（『五訂食品成分表』）。それは計算上の数値に過ぎない。ウィスキーを百cc計って飲む者はいないので、食品成分表の数値は日常の飲酒とはずいぶん非現実的ではある。ビールも、缶ビール一缶の成分量を示したほうがわかりやすいが、食品成分表は学術的根拠を示すものなのでいたしかたない。

戦中戦後の食糧不足時期のこと、政府は国民の栄養所要量算定に、まず熱量の確保から始めた。十カロリー（当時の単位はキロカロリーではなかった）を確保するためには何円あればいいか、どのような食糧構成にするかという試算があった。私が栄養学校学生だった当時の昭和三十二年前後は、一日に百十円あれば、ある程度バランスを考えた千八百カロリーが確保できるという食糧庁（今はない）の試算をもとに、学校寮の食材代を、一日分八十四円を限度とした実務を兼ねた献立づくりに苦心した思い出がある。

酒の熱量も栄養学上のエネルギーと同じであれば、成人男子には甲類焼酎でも飲ませれば熱量確保は容易であるが、栄養上の熱量はアルコールの発生熱量とは違うことは述べたとおりである。

アルコール飲料のエネルギーについてわかりやすく書くつもりが、ますますわかりにくくなったかもしれない。酒とはそのくらい複雑なもので、学術的にも解明できない部分が多いところが魅力であり、いいところなのかもしれない。複雑ついでに、最後に酒にまつわる古今東西のキャッチコピーめいたものを選んでみた。

古今東西、酒にまつわる格言

酒に関する格言・諺を調べてみたら、古今東西合わせて五百前後あった。東南アジア、インドなどにもかなりあると想像する。禁酒のイスラム圏でもあるのかもしれない。あまりにも数が多いのがわかって途中で止めかけたが、時間を費やしたこともあって自分で好きな格言、諺をいくつか採収してみた。酒の長所と短所を区分して並べる方法もあるが、分けてしまうとどちらを前後にするにしても、あとのグループのほうが強調されるので、意識的に織り交ぜて、あとは自己選択ということにした。解説を要するものもあるが、これも自分なりの解釈の仕方でいいと思う。

酒飲み死ぬはドジョウだけ

酒が言わせる悪口雑言

鏡は容貌を見せ　酒は心を表す

酒に十の徳有り（出典は室町時代の狂言『餅酒』にあるらしい）
　独居の友・万人和す・位なくして貴人と交わる・推参の便・旅に慈悲あり・延命の効・百薬の長・愁い払い・労を助く・寒気の衣

酒は百薬の長なり

百薬の長とはいえど　よろずのやまい酒にあり（吉田兼好）

酒は本心を表す

酒、酒を飲む（酒が酒を飲む＝酒呑みは、飲めば飲むほど深酒になる）

酒三杯は身の薬

酒は憂いの玉箒《たまばはき》（玉箒＝箒の美称。正月初子《はつね》の日に蚕室を清める箒）

マルチン・ルター

酒は飲むとも飲まれるな（「酒は飲んでも飲まれるな」とも）

酒極まって乱となる

酒の害は、酒が毒だからではなく、素晴しい故につい飲み過ぎるからだ（リンカーン）

酒は茶代わりになるが、茶は酒代わりにならず（一六〇〇年代の中国の文人）

米百ドル紙幣のB・フランクリンの肖像

酒を飲むと死ぬ　しかし酒を飲まなくても死ぬ（イングランドの古いパブの看板）
バッカスはネプチューンよりも多くの人間を溺死させた（ローマの諺）
酔って狂乱、醒めて後悔（ドイツの古くからの諺）
親の意見と冷酒はあとで利く
酒で女と車に乗って良かったためしなし
酒と女と歌を愛さぬ者は生涯馬鹿で終わる（マルチン・ルター）
ベンジャミン・フランクリンの十三徳
①節制　飽くほど食うなかれ。酔うまで飲むなかれ。
②沈黙　自他に益なきこと語るなかれ。駄弁を弄するなかれ。
③規律　物はすべてところを定めて置くべし。仕事はすべて時を定めてなすべし。
④勤勉　時間を空費するなかれ。常に何か益あることに従うべし。無用の行いはすべて絶つべし。
……（中略）……
⑫純潔　性交はもっぱら、健康ないし子孫のためにのみ行い、これに耽って頭脳を鈍らせ、体を弱らせ、または自他の平安ないし信用を傷つけしことが如くはあるべからず。
⑬謙譲　イエスおよびソクラテスに見習うべし

（思想家であり、研究者、発明家、政治家でもあったB・フランクリンには、「酒に害なし。泥酔する者に罪あり」というのもあって、それぞれの言葉に含蓄《がんちく》がある。私がいちばん好きな米ドル紙幣はフランクリンの肖像が付いた百ドルである）

酒がいちばんいいね。酒というやつは人の顔を見ない。貧乏人も金持も同じように酔わせてくれる（古今亭志ん生）

それほどに　うまいかと人の問ひたらば　なんと答えむ　この酒の味（若山牧水）

飲まば朝酒、死なば卒中

酒飲んで何の己の桜かな

酒は直ちに友情が踊り出る

酒が造り出した友情は一晩だけ

若者にとって酒は大人の勲章である（吉行淳之介）

何よりも酒を愛した歌人・若山牧水（宮崎県日向市出身）

〝格言〟の最後に、井伏鱒二の妙訳として知られる唐代詩人于武陵の詩「勧酒」を引き合いにして終える。

勧酒欣屈巵　コノサカズキヲウケテクレ
満酌不須辞　ドウゾナミナミツガシテオクレ
花発多風雨　ハナニアラシノタトヘモアルゾ

人生足別離　サヨナラダケガ人生ダ

私の海上自衛隊勤務三十四年の経験を振り返れば、艦船勤務は約六年（経理補給職域の艦船勤務は一般に短い）だったが、フネの中で勤務している限りでは、無性に酒が飲みたいと思ったことはない。駆潜艇や小型の護衛艦（DE）勤務など動揺の激しいタイプではフネに酔うのに忙しく、同じ「酔い」でも船酔いだけで充分だった。入港したら、何はともあれ、まずビールを飲もうとは思う——それが上陸のたのしみで、勤務の励みにもなった。苦あれば楽あり……酒は節制と自律の心を養う手近な飲み物にもなる。「海軍と酒」もそれがいちばんよさそうである。

いつでも、いろいろな酒が飲める現在にさらに感謝しなければいけない。

あとがき

海軍と酒というテーマだったが、話は海軍だけにとどまらず、人類とアルコールの歴史にまで及んでしまった。酒の話をしようとすれば、どうしても書きたいことが多い。「酒と女で身を持ち崩した」という古今東西の逸話が多いが、酒だけで身を持ち崩すということはあまりない。その意味では、女の影響の方が断然強い。

しかし、どちらも人間＝男にとっての活力である。そんな歴史もところどころに入れてみた。対人関係を保つうえで、また、コミュニケーションを維持するうえで必須の飲み物であることも確かである。

本書を書くことになってずいぶん酒について勉強することができた。学生時代に食品学・食品加工学の分野で発酵についてもあるていど専門教育を受けたが、教室だけでの勉強は学問として身に付かない。何ごとにも実習が必要である。

「本書を書くためにずいぶん勉強した」と書いたが、早い話が「実習」＝つまり飲んでみることで、ビールからウィスキー、日本酒、焼酎、その他アルコール飲料に類するものは手に入る限り片っ端から〝勉強〟してみた。モンゴルの馬乳酒や南方のヤシ酒のような入手が困難なものには出会えなかったが、日本海軍が飲んだと思われる系統のものは概ね体験できた。ラム酒やジン、ウォッカもそれなりに飲んだ。昔は興味本位で飲んだ酒も今回は〝研究〟のためだから慎重に味わった。

足りないところは発酵学の権威である東京農大の小泉武夫教授や職業として酒造会社で長く仕事をした専門家の著作を熟読した。ベテランの人が書いたものはそれぞれ味が違い、ますますアルコール飲料への研究心が湧いた。これからも研究（実際に飲んでみること）をつづけたい。

前書きしたとおり、一度急性アルコール中毒になって尊い教訓が得られた。もう、アルコール依存症には絶対ならない自制心もある。

最後に、もう一度『マッサン』に戻って締めくくりにしたい。本文でもふれたように海上自衛隊は幹部候補生学校のきびしい教育が終わるのが例年三月。そのあとしばらく練習艦隊乗り組みになり、国内巡航で基礎実務をあるていど身に付け、さらに本格的な海上自衛隊幹部としての腕を磨くため遠洋航海に参加する。

候補生学校が三月卒業というのはよくできていて、しかも、遠洋航海前の内地巡航は江田島を出港したらだいたい時計回りで佐世保、舞鶴を経て北海道まで行き、津軽海峡を通って横須賀経由で呉に帰ってくるという約二ヵ月の訓練航海で、春の彼岸から五月の中旬までの間の日本本土を一周すれば変化する海洋気象もひととおり体験することになる。

佐世保での愉しさにうつつを抜かして、航海の苦しさはともかくつぎの舞鶴も、街は狭いながらも竜宮などという昔の海軍が愉しんだ町もあってそれなりにいい時間を過ごし、いよいよ次の寄港地は小樽！

海軍時代との縁もあって、小樽入港後の札幌の陸上自衛隊駐屯地研修等の前に余市のニッカウヰスキー工場見学があった。海上自衛隊の新任三等海尉たちの研修というのは見るもの聞くものなんでも勉強という主旨なのか、余市のニッカウヰスキー工場見学はなかなかしゃれた企画である。

見学の最終コースで、どうしても「試飲」がある。飲まなくてもいいが、たいていの実習幹部は「実習」をする。

本書執筆で、確認のために試飲(?)したアルコール飲料の一部。少し飲み残しをしてあるものもある

たったこれだけの縁であるが、海上自衛官には、余市といえば、ニッカ……余市にある海上自衛隊余市防備隊を通じて北方防備の重要性も認識できる。

海軍と酒というテーマで、長年何気なく、あるいは当然のこととして飲んできた酒類をあらためて見直し、専門書に近いものからエッセイに類するものまで、読むほどに人間社会における酒の意義がわかってきた。ビールを勉強すれば、「すばらしいメソポタミア文明！」と感じて飲み、ウィスキーについての知識をすこし深めると、「人間は何という知恵を持っているものだろう！」と驚嘆し、日本酒を調べると、「自然発酵のどぶろくから出発して、清酒、吟醸酒まで編み出した日本人の祖先は偉い！」と、崇敬の念がいっそう高まった。

ようするに、あれこれ酒を飲んで確かめることになったが（確認のため試飲した酒の一部）、「飲む」と言うより「味わう」という気持ちができた。

こういう本は、酒が飲めない人間には書けないが、酒が何よりも好きという人間にも書けないだろう。筆者はその中間でよかった。栄養学校を卒業したとき、ある企業への就活の履歴書の「飲酒」の欄に、「たしなむ程度」と書いたが、それでよかったのかどうかはわからないが、採用通知は来た。しかし、たまたま別の動機が生じたので、丁重にそれを断わり海上自衛官になった。

酒なくて何の人生かな……というほど酒好きではないが、人間にはやはり「唄」（音楽）、「酒」……。これに「女」が加わったりするが、誤解を生じやすいのでここでは三番目（順序はよく入れ替わるが）は割愛する。

健康管理上も酒はほどよく「味わう」ことが大切であることを啓蒙したい。海軍も皆がそういう付き合い方をしていたら歴史も変わったかもしれない。私自身、以前は、やたらに——というほどではないが、何も考えずに飲んでいたアルコールを、大事に、よく味わって飲むようになった。そのせいか、飲む全体量はかえって少なくなったようである。

海軍はよく酒を飲んだ——と思われているフシがあるが、本書を読んで、「やっぱりなぁ」と感じた人と「そうでもなかったんだなぁ」と感じた人もあったかもしれない。たしかに、アルコールが入ると勢いがついて、普段とは人が変わったように言動までが〝第一戦速、クロ十〟みたいに活発になる者もいたようだ。それは時代背景もあってのことで、とくに今ではだらしない酒の飲み方は嫌われる。やはり、酒は飲むべし飲まれるべからず——誰が作った言葉か知らないが、時代は替わっても至言である。飲酒、酒気帯び……日常生活も時代が変わっている。

二〇二〇年五月

高森直史

単行本　平成二十八年三月　潮書房光人社刊

NF文庫

海軍と酒

二〇二〇年六月二十一日　第一刷発行
著　者　高森直史
発行者　皆川豪志
発行所　株式会社　潮書房光人新社
〒100-8077　東京都千代田区大手町一-七-二
電話／〇三-六二八一-九八九一(代)
印刷・製本　凸版印刷株式会社
定価はカバーに表示してあります
乱丁・落丁のものはお取りかえ致します。本文は中性紙を使用

ISBN978-4-7698-3171-6　C0195
http://www.kojinsha.co.jp

NF文庫

刊行のことば

第二次世界大戦の戦火が熄《や》んで五〇年——その間、小社は夥しい数の戦争の記録を渉猟し、発掘し、常に公正なる立場を貫いて書誌とし、大方の絶讃を博して今日に及ぶが、その源は、散華された世代への熱き思い入れであり、同時に、その記録を誌して平和の礎とし、後世に伝えんとするにある。

小社の出版物は、戦記、伝記、文学、エッセイ、写真集、その他、すでに一、〇〇〇点を越え、加えて戦後五〇年になんなんとするを契機として、「光人社NF（ノンフィクション）文庫」を創刊して、読者諸賢の熱烈要望におこたえする次第である。人生のバイブルとして、心弱きときの活性の糧《かて》として、散華の世代からの感動の肉声に、あなたもぜひ、耳を傾けて下さい。

潮書房光人新社が贈る勇気と感動を伝える人生のバイブル

NF文庫

駆逐艦「神風」電探戦記 駆逐艦戦記
「丸」編集部編
熾烈な弾雨の海を艦も人も一体となって奮闘した駆逐艦乗りの負けじ魂と名もなき兵士たちの人間ドラマ。表題作の他四編収載。

陸軍カ号観測機 幻のオートジャイロ開発物語
玉手榮治
砲兵隊の弾着観測機として低速性能を追求したカ号。回転翼機という未知の技術に挑んだ知られざる翼の全て。写真・資料多数。

ナポレオンの軍隊 近代戦術の視点からさぐるその精強さの秘密
木元寛明
現代の戦術を深く学ぼうとすれば、ナポレオンの戦い方を知ることが不可欠である——戦術革命とその神髄をわかりやすく解説。

昭和天皇の艦長 沖縄出身提督漢那憲和の生涯
惠 隆之介
昭和天皇皇太子時代の欧州外遊時、御召艦の艦長を務めた漢那少将。天皇の思い深く、時流に染まらず正義を貫いた軍人の足跡。

空戦 飛燕対グラマン 戦闘機操縦十年の記録
田形竹尾
敵三六機、味方は二機。グラマン五機を撃墜して生還した熟練戦闘機パイロットの戦い。歴戦の陸軍エースが描く迫真の空戦記。

シベリア出兵 男女9人の数奇な運命
土井全二郎
第一次大戦最後の年、七ヵ国合同で始まった「シベリア出兵」。日本が七万二〇〇〇の兵力を投入した知られざる戦争の実態とは。